高效配电与户变拓扑系统研究及应用

骆志坚 主编

中国水利水电出版社
www.waterpub.com.cn
·北京·

内 容 提 要

本书论述了基于正交频分复用与无线双模通信技术的户变拓扑系统。该项技术主要用于采集准确实时的户变关系，进而实现台区线损在线分析、线损实时监控、防窃电在线检测、客户准确沟通服务、客户用电行为分析等应用。书中分别介绍了正交频分复用通信技术、载波融合无线（双模）通信技术、分布式电力载波路由技术、基于专家系统的户变关系拓扑网络自动完善算法、户变关系数据库的建立与接口技术等。希望本书的出版能够促进我国电能计量技术的研究和应用，充分发挥户变系统在智能电网中的重要作用，推动智能电网的快速发展。

本书可供从事相关领域的研究人员、电力公司技术人员和计量系统研发人员阅读，也可供高等院校电气工程、电子工程专业的师生参考。

图书在版编目（ＣＩＰ）数据

高效配电网户变拓扑系统研究及应用 / 骆志坚主编
. -- 北京：中国水利水电出版社，2021.12
ISBN 978-7-5226-0290-5

Ⅰ．①高… Ⅱ．①骆… Ⅲ．①配电系统－研究 Ⅳ.
①TM727

中国版本图书馆CIP数据核字(2021)第264587号

书　　名	高效配电网户变拓扑系统研究及应用 GAOXIAO PEIDIANWANG HUBIAN TUOPU XITONG YANJIU JI YINGYONG	
作　　者	骆志坚　主编	
出版发行	中国水利水电出版社 （北京市海淀区玉渊潭南路 1 号 D 座　100038） 网址：www. waterpub. com. cn E - mail：sales@ waterpub. com. cn 电话：(010) 68367658（营销中心）	
经　　售	北京科水图书销售中心（零售） 电话：(010) 88383994、63202643、68545874 全国各地新华书店和相关出版物销售网点	
排　　版	中国水利水电出版社微机排版中心	
印　　刷	天津嘉恒印务有限公司	
规　　格	170mm×240mm　16 开本　8.5 印张　153 千字	
版　　次	2021 年 12 月第 1 版　2021 年 12 月第 1 次印刷	
印　　数	0001—1500 册	
定　　价	**95.00 元**	

《高效配电网户变拓扑系统研究及应用》
编 著 人 员

主　编　骆志坚

参编人员　林华城　张大兴　顾温国

张友荣　王铁柱　蔡素雄

张翠丽　黄优哲　韩荣珍

前　言

　　在当前电网的用电信息采集系统中，户变关系的准确性非常重要，但目前户变关系的调整依赖人工排查，存在较多问题。如果主站和采集终端能够自动同步、更新和维护其台区内的电能表档案信息，将原有主站为主的自上而下人为管理模式改为主站、采集终端和智能电能表相辅相成的自动化管理模式，可大大提高台区智能化管理水平和通信信道利用效率，且有利于简化用电信息采集系统建设和维护过程中的参数设置、调试和系统运行状态监测等工作，为用电信息采集系统的高效运行带来益处。

　　为了确保用电信息采集系统台区档案的准确性，本书所论述的户变拓扑系统基于 OFDM 技术，设计电力线载波通信收发设备，研究结合电力线特征通信、GPS 定位、无线聚类等多特征融合法的户变识别功能。确定了"表模块分布式识别"机制后，利用了"相位识别"将用户进行分相分类识别，使用"表箱聚类"进行诊断，再将工频同步序列、工频电压曲线和信噪比（SNR）、GPS 定位信息等特征进行了融合，并对识别算法进行了改进，最终实现在线户变关系识别的正识率大于 99%，漏识率小于 1%。同时基于特征电流技术，依托载波通信、智能量测终端、分支监测终端等设备，实现台区用户的物理拓扑识别，进一步保证户变识别的准确率，并将户变识别的持续时间降低到了 3h 以内，保障了后续大规模工程化推广实施。

　　主站和采集终端能够自动同步、更新和维护其台区内的电能表档案信息，将原有主站为主的自上而下人为管理模式改为主站、采集终端和智能电能表相辅相成的自动化管理模式，大大提高了台区智能化管理水平和通信信道利用效率；准确实时的户变关系为实现台区线损在线分析、线损实时监控、防窃电在线检测、客户准确沟通服务、客户用电行为分析等应用提供了技术和理论基础，并且能够保证数据采集的完整性，提升用电管理水平。

　　同时本书研究了电力线信道特征，基于时频分集拷贝方法和 RS 编码方法构建了物理信道模型，探索路由方案，并研制相关的设备，实现户变和拓扑识别以外对电力线载波（OFDM）及双模信道通信也进行了研究，为信道利用和业务应用提供了坚实的基础。

　　围绕本书所论述的户变拓扑系统，作者已撰写发表学术论文 3 篇，其中 1 篇为核心期刊论文，2 篇为 EI 期刊论文；已申请专利 4 项，其中发明专利 3 项，实用新型专利 1 项。

　　限于作者水平和实践经验，书中难免有不足和有待改进之处，恳请广大读者批评指正。

作者

2021 年 10 月

目　录

第1章

概　　述

1.1 背景及意义

1.1.1 国内外研究水平的整体现状

在用电信息采集系统中，台区档案的准确性非常重要，但是现实档案管理中确实存在较多难点。例如，由于用户变化和表计故障等因素，台区必然会增加/删减表计，在安装新表的过程中可能会误归档至其他台区；当需要大量新装台区改造时，往往一部分新装台区未同步安装终端，另一部分却已经安装并投入运行，在这个工期较长的新装工程时段内，台区档案管理混乱，如跨台区管理会尤其明显。另外，目前常用的本地通信技术，如低压电力线载波、微功率无线等通信方式，均具备跨台区通信的能力，但跨台区通信能力又不稳定；目前台区档案的管理，需要人为统计电能表的增加/删减以及跨台区情况，不仅费时费力，实现起来比较困难。当出现上述情况，主站端和终端的档案若未及时做出相应的改变，就会导致采集成功率不稳定，以及自动出账率和线损合格率异常等问题。

如果主站和采集终端能够自动同步、更新和维护其台区内的电能表档案信息，将原有主站为主的自上而下人为管理模式改为主站、采集终端和智能电能表相辅相成的自动化管理模式，可大大提高台区智能化管理水平和通信信道利用效率，且有利于简化用电信息采集系统建设和维护过程中的参数设置、调试和系统运行状态监测等工作，为用电信息采集系统的高效运行带来益处。

准确实时的户变关系是实现台区线损在线分析、线损实时监控、防窃电在线检测、客户准确沟通服务、客户用电行为分析等应用的基础。当前采用人工查询物理接线的方式判断用户与配网变压器对应的关系，或者是采用台区识别仪现场"绕场"的方式进行识别，存在诸多不足，表现在以下几方面：

（1）当前台区线路复杂、台区相邻交叉、资料不全，人工查找效率低，靠"眼睛"判断户变接线，易疲劳，误差大，信息不准确；靠"手"记录信息，还需要人工再录入电子表格，再进一步导入系统，工作繁杂。

（2）配网负荷不断新增，用户的接线经常发生变化，若资料没有动态实时更新，户变资料就失去了准确性，将影响到客户停送电无法准确通知，造成投诉增多，还存在偷漏电未能及时发现的风险。

（3）系统缺陷、负荷割接或历史档案错误等可能造成户变关系错乱的问题，均需人工现场核查、系统维护，大大增加了基层班组的工作量和劳动强度，且难以保证与现场实时一致。

1.1.2 国外机构研究情况

Jemena Electrical Network（JEN）公司是 SGSPAA 公司下属的配电运营公司，负责澳大利亚墨尔本西北地区 $950km^2$ 的配电业务，拥有客户 33 万户。2014 年，JEN 公司按照维多利亚州政府要求完成了全区域内智能电表安装。为了进一步发挥智能电表资产效益，减少电网运营成本，提高供电可靠性和用户满意度，JEN 公司在智能电表非计量功能上做了大量研究和运用。智能电表高级应用已经成为配网运营管理的重要手段，促进了营配贯通，产生了显著的经济效益和社会效益。

国外对低压配电网的研究包括低压电气设备的开发利用、低压线路供电质量的提高、低压配电网保护性能的提高等，从而可不断提高供电质量、供电可靠性和安全性。

挪威智能电网中心为政府制定能源白皮书提供建议，其科学委员会制定研究策略，公共研发部门则解决配网运营商遇到的问题。目前挪威已建成六个智能电网示范单位，并已完成所有用户智能电表的安装。到 2024 年，实现以下方面的研发：

（1）在智能用户方面，通过电网与智能用户之间的互动提高系统的灵活性和能源利用效率。

（2）在配电网运行方面，实现低压系统监控、中压系统自动化与控制、中低压电网表计智能化等功能。

（3）在配网规划和资产管理方面，形成主动配电网规划的方法论，对智能电网资产进行有效的管理。

1.1.3 国内机构研究情况

我国低压配电网总体上存在结构复杂、分支线较多、负荷性质复杂、历史资料不全等问题。城市配电网具有负荷密度大、用电量集中、供电可靠性要求高等特点，部分老城区的配电网络相对较薄弱、负荷转供能力较差。

我国配电网基础数据不完整，信息化手段落后。配电网管理涉及发展、农电、运检、营销、调度等不同部门，基础数据分散在不同系统中。系统之间的数据标准、模型不一致，此外，还缺乏数据共维共享机制。配电网投资少，建设水平低，导致配网通信及信息系统发展相对滞后，缺少信息获取渠道。体现为管理精细化程度较差，数据、图形和信息无法对应，甚至存在某种意义上的

"盲区"。

一直以来，我国许多技术人员对低压配电网进行了许多理论研究。但这些研究工作主要局限于低压电网的某一方案，如配变的选择及优化运行、三相不平衡、低压线路截面的选择等，对低压配电网没有具体的规划方法和思路。

1.1.4 南方电网公司对本书拟解决问题的过往研究情况

广西电网有限责任公司南宁供电局于2014—2015年开展了"基于多模方式的台区用户识别在广西电网公司中的应用"项目的研究。

多模方式台区用户识别装置由主机装置和分机构成。主机装置一般安装在台区配变低压侧，装置由载波信号收发电路、脉冲电流接收识别电路、主控制器及显示器等组成。载波信号直接耦合到三相电力线路，分机发出的脉冲电流信号通过CT间接接收。分机装置安装在低压用户侧，装置由载波信号收发电路、脉冲电流发送电路、主控制器等组成。

工作时先由分机发出一脉冲电流信号，主机端检测到此脉冲电流信号，通过谐波分析即可判定分机用户所属台区及相线属性；同时主机在对应相线发出电力线载波信号，分机可以收到此判定信号并指示。若分机没有收到此信号，则需要查看主机是否收到脉冲电流信号。若收到脉冲电流信号，则说明该用户属于此台区变压器；若主机没有收到脉冲电流信号，则说明此用户不属于该台区变压器。由于脉冲电流信号方向性极强，不会传播到其他线路上，而且传输距离可以非常远，所以该方法可以准确可靠地识别所有用户而不会误判，也不存在无法识别的用户。

同样，将主机装置接在不同支线或断路器开关端，可以判定出用户所在的分支线路及所属供电开关。

多模方式台区用户识别仪工作时，先由手持终端发出一脉冲电流信号，主机端脉冲电流检测器检测到此脉冲电流信号后，显示出该信号的相别，同时主机在对应相发出电力载波信号。由于脉冲电流信号不会传播到其他线路上，而且传输距离可以非常长，再加上通过谐波分析将50Hz的电网电压信号转换为傅里叶级数并滤除，所以多模方式的台区用户识别仪可以准确可靠地识别所有用户，绝对不会误判，也不存在无法识别的用户。其分析方法如下。

1. 脉冲电流法

脉冲是指短时间内突变，随后迅速返回其初始值的物理量。脉冲电流是电流方向不变，强度随时间改变的电流。脉冲电流的信号可以是周期性重复的，也可以是非周期性的或单次的。在电网建设及维护中，有些负载需要断续加电，即按照一定的时间规律，向负载加电一定的时间，然后断电一定的时间，通断一次形成一个周期，反复执行便构成脉冲电源。脉冲宽度指高电平持续时间，常用来作为采样信号或晶闸管等元器件的触发信号。脉冲电路指脉冲波形的产生、整形和变换的电路，由惰性电路和开关两部分组成，开关的作用是破坏稳态使电路出现暂态。在脉冲电路中脉冲宽度和脉冲周期可以作为载波信号传输，其特点在于只在特定的回路中传播。

脉冲电流法就是依据电流仅在特定回路中传播的特点，向电路中施加不同频率、不同宽度的脉冲信号的方法。电流脉冲信号作为载波信号设有起始位及奇偶校验位，信号的传播不会耦合到其他环路，耦合的只是电压波动，检测出的电流信号不会向共高压电源和共低压零线的配变传输，不会传播到其他线路上，而且传输距离可以非常远。脉冲电流法可以准确可靠地识别所有用户而不会误判，不存在无法识别的用户。

2. 电力线载波

电力线载波即 PLC（Power Line Carrier），是电力系统特有的通信方式。电力线载波通信是指利用现有电力线，通过载波方式将模拟或数字信号进行高速传输的通信技术。其最大特点是不需要重新架设网络，只要有电线，就能进行数据传递。

电力载波信号传输的关键在于电压信号对脉冲信号的干扰程度。在电压信号的零点附近能量最小，信号干扰也最小，所以载波信号需要在零点附近发送。电网 10kV 高压信号通过变压器转换为 220V 交流信号，交流信号通过电压跟随器，在电压过零时比较电路输出方波信号，通过捕获方波信号的上升沿与下降沿获取零点信息。同时通信芯片发送一串数字脉冲信号，数字脉冲信号经放大、隔离耦合发送至电网电力线。

3. 谐波分析法

谐波分析是信号处理的一种手段，适用于绝大部分振动系统不是简谐波的情况。通常情况下，振动是周期性的，任何关于时间的周期函数都能够展开成傅里叶级数，即无限多个正弦函数和余弦函数的和表示，这种分析方法称为谐波分析法。

非正弦波里含有大量的谐波，不同的波形里含有不同的谐波成分。谐波包括奇次谐波和偶次谐波。奇次谐波指频率为基波频率的 3 倍、5 倍、7 倍、……的谐波；偶次谐波指频率是基波频率的 2 倍、4 倍、6 倍、……的谐波。

对 $f(t) = -f(t + T/2)$ 的函数（T 为函数周期），偶次谐波及直流分量为 0；

对 $f(t)=f(t+T/2)$ 的函数（T 为函数周期）， 奇次谐波为 0。

4. 多模方式的技术实现

在交流系统中，当波形从正半轴向负半轴转换时，接近零点，分机发送 3.3ms 的幅值为 3A 的连续电流信号，该电流信号不会对电网产生影响，同时电流信号占有很窄的频带，通过窄带通信的方式解调后，频带外的信号，即使基频到 100 次谐波的电流信号，均不影响主机解调。同样，主机中有阻带特性非常好的带通滤波器，将频带外的信号滤除。

主机在接收到信号后，根据信号质量，将质量最好信道所在的相别、主机号、信号质量利用现有电力线，通过载波方式将模拟信号或数字信号进行高速传输，发回分机。

该电力线载波通信模块由载波耦合电路、信号发送电路、滤波接收电路和解调电路、电力线载波扩频通信芯片组成，根据起止式异步通信协议完成数据的发送与接收。

分机有四种工作模式，分别为 1 号信道、2 号信道、3 号信道和交替信道。1 号信道作为频率最低的信道，为电流方式的首选信道；2 号信道在 1 号信道受干扰的情况下使用；3 号信道作为频率最高的信道，抗谐波影响能力强，作为电压方式的首选信道；交替信道根据频率、谐波等干扰自动切换。

分机谐波分析的实现在于 DSP 数据的处理，电网中的最大干扰来自工频电压信号，傅里叶变换就是将干扰信号转换为 n 个几乎接近 0 幅值的正弦波信号，n 值越大，正弦波信号幅值越小，当 n 为正无穷时，正弦波幅值接近于 0，从而达到滤波的目的。

主机分两种工作模式，分别是分开关和分相别。在分开关模式中，钳子钳在三相的火线上，根据分机发射的电流信号的方向性和只在变压器和分机间传播的路径局限性可识别电流走向，从而区分开关。分相别模式依据发射的电流信号同时在电网中产生电压信号，主机只在此相过零点时才接收数据来精确区分相别。也可通过电压方式，三相信号过零点解调，区分相别。

多模方式的技术研究应用多种模式（电流脉冲、电力载波、谐波分析）进行用户识别，研究确定了电流脉冲、电力载波、谐波分析的触发方式以及通信方式，将多模方式应用在广西电网公司中进行台区识别。该项目具有如下技术瓶颈：虽然采用多种方式，但所述各种实施方式的主体仍是载波，并且没有克服传统载波存在的稳定性差的问题，进而导致识别效率低，并且由于传输数据单一，成果应用有效性不高。而本书的研究点侧重于正交频分复用通信技术、分布式电力载波路由技术以及基于专家系统的变户关系拓扑网络自动完善算法

7

等方面内容，与前述研究相比具有创新性。

1.2　主要内容

1.2.1　主要技术内容

1. 正交频分复用通信技术

在电力系统低压线路应用下，电力载波面临着宽频段范围内的干扰，而干扰频道却难以事先预测。当特定频率通信通道受阻时，本装置可提供备用频段的通信通道，大概率地提高通信连通率。

2. 载波融合无线（双模）通信技术

方案选用的双模技术需要支持感知电能表相关档案信息，如电能表通信地址、通信规约、通信串口波特率、电能表相位异常、电能表接线异常等；采用双模通信技术多模式协调通信，提高通信信道利用效率。

3. 分布式电力载波路由技术

相对传统点对点通信，分布式路由技术可提供灵活的通信链路。利用分布式电力载波路由算法，实现一点至任一节点之间的通信，最大限度地扩展通信通道。

4. 基于专家系统的户变关系拓扑网络自动完善算法

在实际应用中，若长时间部分用户节点通信无法连接，可根据历史变户关系数据，以及电路拓扑结构、负荷分配等数据，补充判断该用户节点的变户归属，以弥补硬件故障带来的信息缺失，最大限度地支持本系统的运行。

5. 变户关系数据库的建立与接口技术

能根据用户需要进行数据分类与查询，提供高级分析功能。并具备与公司三大系统数据连接功能，方便数据的实时共享。

1.2.2　关键技术难点

1. 难点 1：基于正交频分复用技术

在电力系统低压线路应用中，电力载波面临着宽频段范围内的干扰，而干扰频道却难以事先预测。当特定频率通信通道受阻时，本装置可提供备用频段的通信通道，大概率地提高通信联通率。

2. 难点 2：多元化多分支自动识别技术（用于协助完善户变关系拓扑网络算法）

多元化自动识别技术是结合电力线载波过零分时传输载波通信技术和交流

电过零相位偏移量统计的方法，本质是利用了不同台区不同的负载导致交流电相位偏移不同的特点实现了台区区分。依托用电信息采集系统的信息采集功能，利用数据采集设备（集中器、智能电能表或采集终端等）、计量监控设备、本地通信网络（如集中器本地通信模块和电能表本地通信模块等），集成自主研发的台区识别技术，实现自动识别供电用户（电能表本地通信模块）与电力台区（集中器本地通信模块）的归属关系。本方案选用多元化自动识别技术作为台区识别算法，通过不同台区的不同负载导致交流电相位偏移不同的特点实现了台区区分。在台区电力线载波通信过程中，收到数据采集命令的从节点可以计算信号接收时刻与交流电相位的时间偏差。排除三相之间的已知偏移，可得统计偏移为

$$\Delta T_i \equiv T_i - T_0$$

式中　　$\equiv$——恒等式符号；

ΔT_i——节点 i 接收时刻相对交流电相位的偏移。

若从节点 i 可接收到多主节点的数据采集命令，则可以升序排列 $\{\Delta T_i\}$ 为 $\{\Delta T_{is}\}$，$\{\Delta T_{is}\}$ 对应的是从节点 i 与各主节点之间的过零偏差量的统计队列，其中过零偏差量最小的则为从节点 i 所归属的主节点。

理论上可以证明 n 次偏移值统计的极大似然估计即是 n 次偏移值的均值，根据极大似然估计原理，区分次数 n 越多，结果越趋于稳定，台区区分结果越准确。

3. 难点 3：分布式载波路由算法

基于电力线用户网络拓扑结构，使用动态自适应路由算法，选择合理路径以便高效将数据传递到目的地，并利用电网用户的分布特点，合理选择单播、组播和广播通信形式，提升网络通信成功率。相对于原常用的集中式路由，路径一般更合理，通信稳定性更高，冗余路径更少，且不易进入死锁状态。

4. 难点 4：节点感知技术（用于协助解决分布式电力载波路由技术）

对比不同本地通信方式的网络节点感知技术，如宽带载波通信系统的自动快速组网技术，它利用自动快速组网、网络实时在线维护和单个模块快速入网等技术，解决了网络实时维护以及节点感知的问题。结合电力线载波过零分时传输载波通信技术和交流电过零相位偏移量统计的方法，本质是利用了电能表不同接线场景导致交流电相位偏移不同的特点实现接线异常的判断。

5. 难点 5：用户用电习惯分析和预测模型建立

首先利用卡尔曼滤波等方法对数据中的噪声进行过滤，还原真实的数据，然后针对负荷数据中的缺失数据和离群异常数据进行修正。通过横向比较和纵

向比较相结合的方法，识别离群异常数据，然后使用历史负荷填充的方式修正缺失数据和离群异常数据。人工神经网络可以非常小的误差逼近非线性、时变的模型，因此采用循环神经网络等方法来逼近用户的用电行为，并考虑日期、天气、政策等因素，对负荷进行聚类，结合灰色模型、迁移学习等方法来寻找用电行为中有规律的习惯，完成对未来用电情况的预测。

1.3　应用情况

1.3.1　预期成果

（1）研发出一套高可靠性的配网载波收发装置及系统。

（2）在正交频分复用技术与双模技术结合的情况下完成典型配网网络用户在线识别检测系统技术的试点应用。

（3）准确快速地识别台区，为线损日监测提供实时准确的基础档案，带来准确快速的线损计算以及越限告警。

（4）在"三大系统"（配网 GIS、营销、计量）内实现户变关系同步自动更新。

（5）做到客户停送电准确通知，提高客户停电范围通知的精准度。

（6）对各类用户的用电习惯进行分析统计，为台区进行规划及用户的差异化服务提供依据。

1.3.2　预期应用场合

成果初步应用于各种类型的配网台区，解决台区内户变关系错乱的问题，并进一步应用在台区线损在线分析、线损实时监控、防窃电在线检测、电表故障检测、停电影响实时检测分析、时钟校时等场合。

1.3.3　预期应用效果

完成台区复杂户变关系的识别与监测工作，将结果回传主站，并在"三大系统"内实现户变关系同步自动更新。实时高效实现用户所属台区准确率 100%，落实用电数据深化应用场景，经济高效实现差异化客户服务，促进企业增质提效，提升公司竞争实力。

1.3.4　应用成果推广后的效益

（1）研发出一套高可靠性的配网载波收发装置及系统。

（2）在正交频分复用技术与双模技术结合的情况下完成典型配网网络用户在线识别检测系统技术的试点应用。传统的台区区分方式至少耗时 0.5 人·天，而本项目成果仅需在秒级时间即可完成且保证数据准确性。

（3）实现台区线损在线分析、线损实时监控、防窃电在线检测、电表故障检测、停电影响实时检测分析、时钟校时等功能。准确快速的台区识别，为线损日监测、台区分支线损统计提供实时准确基础档案，带来准确快速的线损计算以及越限告警。

（4）在"三大系统"（配网 GIS、营销、计量）内可实现户变关系同步自动更新。

（5）能够做到客户停送电准确通知，提高客户停电范围通知的精准度。

（6）增加客户用电行为分析，极大地减轻人工分析统计的工作量，提高工作效率。对各类用户的用电习惯进行分析统计，为台区进行规划及用户的差异化服务提供依据。

（7）支撑市场化交易和交易用电趋势分析，实现故障报警及恢复提醒，确保交易用户结算零差错。

第2章

高效配电网户变拓扑系统

2.1 部署方案

2.1.1 网络环境

高效配电网户变拓扑系统从网络结构上可分为前置服务器、任务服务器、应用服务器、数据库服务器等，通过对采集到的终端数据进行分析，确定各台区户变拓扑关系，并在此基础上展开一系列上层应用，例如线损计算、电表异常分析、停电分析等。

拓扑结构如图 2.1-1 所示。

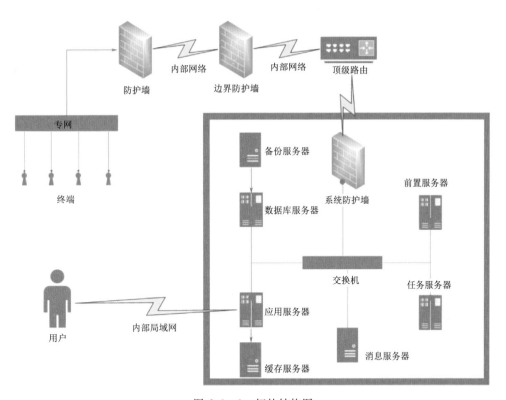

图 2.1-1 拓扑结构图

2.1.2 服务器功能

服务器功能见表 2.1-1。

表 2.1-1　　　　　　　　　　　服 务 器 功 能

服务器	功　能	服务器	功　能
服务器 1	部署系统程序和数据库	服务器 4	任务服务器
服务器 2	数据备用	服务器 5	前置机服务器
服务器 3	应用服务器		

2.2　系统安全方案

2.2.1　互联网边界安全

1. 边界隔离方式

在省地两级电网的网络边界处部署防火墙等边界隔离设备，并配置合理的边界访问控制策略，实现系统之间的逻辑隔离。

2. 边界防护策略

（1）边界隔离设备的默认过滤策略设置为禁止任意访问。

（2）仅允许单位内部普通用户终端访问网站服务器提供的 HTTP 服务等指定的服务和业务所需端口。

（3）限制系统中的服务器主动访问互联网。

（4）仅允许指定的 IP 地址访问网站服务器提供的内容管理、系统管理等服务和端口。

（5）按照业务需要，限制允许访问服务器的 IP 和端口。

3. 地址转换

服务器使用私有 IP 地址，通过边界防火墙或路由器实现私有 IP 地址与互联网 IP 地址之间的地址转换。

2.2.2　主机安全

1. 最小化安装

操作系统和数据库系统遵循最小化安装原则，仅安装业务必需的服务、组件和软件等。

2. 身份鉴别

（1）可采用用户名/口令等鉴别机制实现服务器操作系统、数据库、中间件等系统的身份鉴别。

（2）口令应由大小写字母、数字及特殊字符组成，普通用户的口令长度不宜短于8个字符，系统管理员用户的口令长度不宜短于10个字符，且每半年至少修改一次。

（3）应采取措施防范口令暴力破解攻击，可采用设置登录延时、限制最大失败登录次数、锁定账号等措施。

3. 访问控制

（1）对服务器操作系统及数据库系统，应设置必要的用户访问控制策略，为不同用户授予其完成各自承担任务所需的最小权限，限制超级管理员等默认角色或用户的访问权限。

（2）应及时清除服务器操作系统及数据库系统中的无用账号、默认账号，不应出现多人共用同一个系统账号的情况。

（3）应限制网站Web服务器、数据库服务器等重要服务器的远程管理。

（4）应仅开启业务所需的最少服务及端口。

（5）数据库、中间件或其他应用相关服务应不以root或administrator等具有管理员权限的用户运行。

4. 安全审计

（1）实现服务器操作系统及数据库系统的安全审计，对系统运维管理、账号登录、策略更改、对象访问、服务访问、系统事件、账户管理等行为及WWW等重要服务访问进行审计，并设置审计日志文件大小的阈值以及达到阈值的处理方式（覆写、自动转存等）。

（2）针对安全审计记录及审计策略设置必要的访问控制以避免未授权的删除、修改或覆盖等。

（3）审计记录独立保存，保存时间不少于90d。

（4）服务器、数据库系统时钟应与时钟服务器保持同步。

2.2.3 应用安全

2.2.3.1 安全功能设计

1. 身份鉴别

（1）系统对后台内容管理用户及系统管理用户应采用用户名/口令等身份鉴别机制实现用户身份鉴别，并启用验证码机制，其校验过程须在服务端完成。

（2）各用户口令应由大小写字母、数字及特殊字符组成，用户的口令长度不宜少于8个字符，后台内容管理用户及系统管理用户的口令长度不宜短于10个字符，且应定期更换；系统应对口令复杂度有校验机制。

（3）应采取设置网站用户登录超时重鉴别、连续登录失败尝试次数阈值、账号临时锁定或延时登录等措施。

2. 访问控制

（1）应提供访问控制功能，授予系统用户为完成各自承担任务所需的最小权限，限制默认角色或用户的访问权限。

（2）应实现系统管理用户、内容编辑用户及内容审核用户等特权用户的权限分离。

3. 安全审计

（1）提供安全审计功能，针对前台用户的登录、关键业务操作等行为进行日志记录，内容包括但不限于用户姓名、登录时间、登录地址、操作用户信息、操作时间、操作内容及操作结果等。

（2）设置日志文件的大小及达到阈值的操作方式。

（3）对安全审计记录及审计策略设置必要的访问控制以避免未授权的删除、修改或覆盖等。

（4）审计记录独立保存，保存时间不少于 90d。

4. 资源管控

（1）应根据系统访问的需求，限制最大并发会话的连接数。

（2）如用户在一段时间内未做任何操作，系统应自动结束当前会话。

2.2.3.2　源代码安全

在系统需求设计阶段，制定源代码安全编写规范，约束特定语言相关的编程规则，并对应用程序代码存在的常见安全缺陷作出规范要求，包括但不限于以下编码安全要求：

（1）输入输出处理。集中验证所有的输入信息，用户输入的数据不应被直接用到程序的逻辑中；对用户输入进行校验，根据不同场景过滤特殊字符，防止跨站、注入等攻击行为。

（2）Web 技术规范。校验来自客户端的任何数据，并在服务器端进行安全验证；传输敏感信息时，采用加密措施；构造通用的错误提示信息，限制用户短时间内重复访问的次数。

（3）文件系统规范。限制应用程序文件及临时文件的访问权限；对来自文件系统的所有值进行合适的输入验证。

（4）日志处理规范。根据操作的重要程度划分日志等级，保证日志记录的一致性；日志文件应独立保存于应用程序目录外，使用严格的访问权限控制日志文件。

（5）认证技术规范。鉴别信息在网络中加密传输，不应在源代码中明文存储和显示；谨慎给出认证反馈信息，限制一个账号连续失败登录的次数并有相应的处理措施等。

（6）口令管理规范。使用统一的口令策略，使用安全的方法存储和传输口令；不应在源代码中存储口令；在注册登录时启用验证码机制。

2.3 效益及可行性分析

2.3.1 效益分析

台区拓扑识别技术可实现自动在线识别客户所属台区，依靠传统的台区识别方式，至少耗时 0.5 人·天，而本项目成果仅需在秒级时间即可完成且保证数据的准确性。同时，可以降低配变台区用户识别工作过程中的风险，减轻基层班组的工作量和劳动强度，实时高效地实现用户所属台区准确率 100%，收集记录有效、有深度、有维度"配网变压器与用户"之间的对应关系。支撑市场化交易及交易用电趋势分析，实现故障报警及恢复提醒，确保交易用户结算零差错。

2.3.2 可行性分析

1. 技术可行性

技术上的可行性分析主要分析技术条件能否顺利完成开发工作，硬、软件能否满足开发者的需要等。该户变拓扑系统采用正交频分复用与无线双模通信技术，可为项目的实现提供有力的技术支持。

2. 经济可行性

该系统所需的硬件软件投资、人员费用等的投资相对于投入使用后创建的收益来说是值得的，户变拓扑系统能降低管理费用和劳动费用，提高人员利用率，保证工作质量，人力资源合理分配，达到资源优化。这不仅给管理人员工作带来方便，同时也满足了不同用户的需求，可根据他们的实际情况随时随地进行测试。提高了数据的安全性、共享性，降低了预算，提高了工作效率，因此经济上可行。

因此，户变拓扑系统可实现自动在线识别客户所属台区，若依靠传统的台区识别方式，至少耗时 0.5 人·天，而本项目成果仅需在秒级时间即可完成且保证数据的准确性，降低配变台区用户识别工作过程中的风险，减轻基层班组的工作量和劳动强度，实时高效地实现用户所属台区准确率 100％。

2.4　正交频分复用通信技术

电力线载波（PLC）通信是利用高压（通常指 35kV 及以上电压等级）电力线、中压（指 10kV 电压等级）电力线或低压配电线（380/220V 用户线）作为信息传输媒介进行语音或数据传输的一种特殊通信方式。由于电力线网络分布广泛，因此使用电力线作为通信媒质无须在室内打孔、布线，重新构建通信网络，具有成本低廉、连接方便等优点，在智能电网和宽带接入方面受到越来越多的关注。

电力线从来都不是一种理想的通信介质，电力线信道环境极其恶劣，多径衰落比较明显。电力线通信的性能主要受到电力线通信环境的制约，因此在电力线上进行信号传输时，为了保证通信的可靠性，抵抗信道环境的多径衰落，分集拷贝技术十分必要。

正交频分复用（Orthogonal Frequency Division Multiplexing，OFDM）在频域内将给定信道分成许多正交子信道，在每个子信道上使用一个子载波进行调制，各子载波并行传输，从而能有效地抑制信道的时间弥散所带来的符号间干扰。OFDM 结合编码、分集拷贝，最大限度地提高了系统的可靠性。

2.4.1　研究电力线信道特性

电力线网络作为电力能源传输网络，建设之初并没有考虑通信功能，电力线信道的噪声、衰减及阻抗特性是影响载波通信性能的主要因素，其中恶劣的噪声环境尤为复杂且影响严重，因此需要对电力线特性进行研究，以支撑电力线通信技术的研究。

基于 ZYNQ（可扩展处理平台）和大容量 DDR3 内存架构系统，进行高规格数据采集，实现准确的实时测量，可支撑 5k～12MHz 频段的噪声、阻抗、衰减测量。

1. 系统框架

整个系统分为硬件部分、板上 FPGA（半定制电路可编程器件）、上位机三部分。其中硬件部分主要包括硬件采集和硬件发送两个数据通路；板上 FPGA 完成信号相关算法的处理、上位机命令的解析以及数据的转发和传递；上位机部分完成测试数据计算、误差补偿、数据处理、显示存储，以及与用户的人机交互。

2. 噪声测试

噪声测试频率与幅度关系如图 2.4-1 所示，红线为过零 5ms 时噪声变化的曲线，黑线为过零 0ms 时噪声变化的曲线。

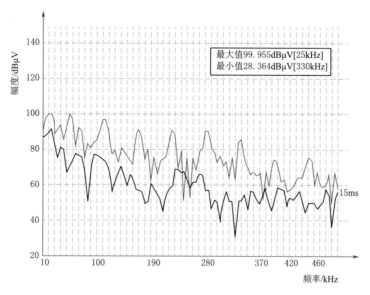

图 2.4-1 噪声测试图示例

由测试结果可以看出：

（1）时域趋势上，噪声本身是随机的、不规律的，但电网频率是 50Hz，噪声也具备 100Hz/50Hz 周期性趋势。

（2）频域趋势上，中、高频噪声相对于低频噪声普遍较弱，从 60～500kHz 一般有 20dBμV 的减小，500kHz 以上中频、高频处噪声幅值微小。

（3）幅度趋势上，低频处过零点噪声一般较弱，非过零点噪声变化更加丰富，峰值噪声一般比过零点噪声大 15dBμV；中、高频处全时域噪声无明显差距。

由于 PLC 的最大干扰是噪声，主要来源是电力网络上的所有负载，以及无线电广播等。就噪声特性而言，同一配电变压器下的所有用户负荷噪声以及变压器原边噪声都会对信道产生干扰。噪声很大时，必然要求提高发射信号功率来满足数据传输的要求，这样除导致产品成本和体积增加外，对其他用户也是一种交叉干扰。

3. 阻抗测试

阻抗测试频率与阻抗关系如图 2.4-2 所示，红线为过零 5ms 时电力线阻抗随频率变化的曲线，黑线为过零 0ms 时电力线阻抗随频率变化的曲线。

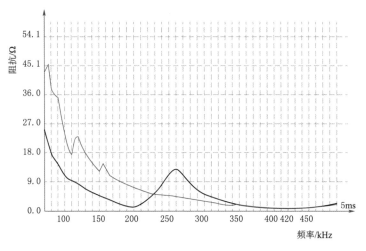

图 2.4-2　阻抗二维图谱

（1）时域趋势上，随时间变化呈现 100Hz/50Hz 周期性变化趋势；过零点时刻与非过零点时刻存在差异；在一段时间内，阻抗变化较恒定。

（2）频域趋势上，随频率增加阻抗值有增大也有减小，因地而异，但整体趋势有明显峰与谷；在相同地点，各频点变化趋势较恒定。

（3）幅度趋势上，变化范围大，最小时会小于 1Ω；对于不同的布线和电器类型，应该是有感性也有容性，目前只发现感性。

电力线上的输入阻抗与所传输的信号频率密切相关。输入阻抗的变化并不一定符合随频率增大而增大的单调变化规律，甚至与之相反。为了解释这一问题，可以将电力线看成是一根连接有各种复杂负载的传输线，这些负载以及电力线本身组合成许多共振电路，在共振频率及其附近频率上形成低阻抗区。此外，低压负载随机地连接或断开，导致电力线的输入阻抗发生较大幅度的改变，还会造成电力线上不同位置的输入阻抗不同。PLC 网络可看成由许多电阻、电容和电感组成的网络，信道的电参数随时间、地点变化，相应地，输入阻抗也往往急剧变化。发送设备的输出阻抗和接收设备的输入阻抗均难以匹配，从而给 PLC 通信系统的设计带来相当的困难。

4．衰减测试

衰减测试的接收端与阻抗测试时相同，并设计接收检测功能，衰减测试频率与衰减关系如图 2.4-3 所示，红线为过零 5ms 时电力线衰减随频率变化的曲线，黑线为过零 0ms 时电力线衰减随频率变化的曲线。

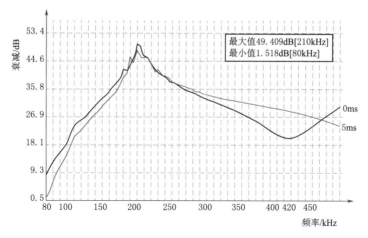

图 2.4 - 3 衰减特性三维图谱

（1）时域趋势上，衰减也存在 100Hz 周期性趋势的变化。过零点时刻与非过零点时刻存在差异，但在一段时间内，衰减变化比较恒定。

（2）频域趋势上，衰减最大一般出现在 250kHz 左右，但在其他频点由于负载产生的共振现象和传输线效应影响，也会使衰减出现突然地迅速增加。

（3）幅度趋势上，低压电力线是非均匀不平衡的传输线，存在反射、驻波等复杂现象，使得信号衰减幅度不仅仅是传输的距离越远，信号衰减越厉害的关系。

PLC 信道对各种频率信号衰减的程度是 PLC 选择载波频率的主要依据。信号的衰减主要取决于其经过的路径和网络上所连接的负载。用于调整功率的电容以及各种具有电容特性的电器，对高频载波信号来说相当于短路，造成极大的衰耗；网络中的一些负载对某些频率构成了谐振电路，产生谐振。当网络上负荷很重时，线路阻抗可达到 1Ω 以下，造成载波信号的高衰耗。总的说来，信号传输距离越远，衰减越严重，同时由于负载阻抗的不匹配，信号的传输会出现反射、驻波、散射等复杂现象，导致近距点比远距点衰减大。

总体上说，PLC 信号衰减随频率上升、距离增大而增加，但并不是单调的。从衰减角度来看，欧洲标准 CENELEC EN 50065 - 1 所使用的 3.0～148.5kHz 频带比美国 FCC 标准使用的 100～450kHz 频段的衰减要小；在宽带载波所选用的 0.7～2MHz 区间，衰减比低频率范围更严重，更容易受到电网布线方式、距离的影响。

5. 结论

PLC 的关键问题之一是其传输特性问题。电力线信道环境恶劣，突出表现为信号衰减大、阻抗变化大、噪声干扰及其时变性强。电力线传输特性在频域、时域上均有不同的变化趋势。

在 0.7～2MHz 区间，噪声特性相对比较稳定，不过衰减和阻抗特性不利于信号的传播，容易受到电网负载、布线方式和线路距离的影响，如采用电力线信道通信需要在时频设计方面进行深入研究。

2.4.2　研究应用于电力线通信的时频分集拷贝方法

为抵抗电力线信道的多径衰落，获得分集增益，需研究一种应用于电力线载波通信的时频分集拷贝方法。时频分集拷贝流程如图 2.4-4 所示。

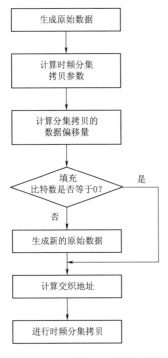

图 2.4-4　时频分集拷贝流程

（1）根据需要的数据块大小，生成物理层传输的原始数据。

（2）根据拷贝次数和子载波计算时频分集拷贝的参数，参数包括有效的子载波数、每个组（Group）的子载波个数、每个 Group 的比特数、每个正交频分复用（OFDM）符号的比特数、最后一个 OFDM 符号的比特数、最后一个 Group 的比特数、OFDM 符号数和需要填充的比特数。

（3）根据拷贝次数和符号数计算每次拷贝的数据偏移量。

（4）判断填充比特数是否等于 0，若是，则执行（6），否则，执行（5）。

（5）根据需要填充的比特数，对原始数据添加新的数据，得到新的数据序列。

（6）根据时频分集拷贝的参数计算分集拷贝的交织地址。

（7）根据拷贝次数、数据偏移量、映射后的交织地址，进行时频分集拷贝。

分集拷贝在时域和频域同时进行，时频分集拷贝同时在时域、频域进行分集，频域分集是将相同的数据放在不同子载波上，时域分集是将相同的数据放在不同的 OFDM 符号上。

物理层根据需要的数据块大小，生成相应长度的原始数据。数据块大小包含 16 字节、72 字节、136 字节、264 字节、520 字节。

根据拷贝次数和子载波数计算时频分集拷贝的参数，可计算出有效的子载

波数 N_{CV} 为

$$N_{CV} = N_C \left\lfloor \frac{N_N}{N_C} \right\rfloor$$

式中　N_{CV}——有效的子载波数；

　　　　N_C——拷贝次数；

　　　　N_N——可用的子载波数；

　　　　$\lfloor\ \rfloor$——取下整。

　　拷贝时每个 Group 的子载波数 N_{CPG} 为

$$N_{CPG} = \left\lfloor \frac{N_N}{N_C} \right\rfloor$$

式中　N_{CPG}——每个 Group 的子载波数；

　　　　N_C——拷贝次数；

　　　　N_N——可用的子载波数；

　　　　$\lfloor\ \rfloor$——取下整。

　　每个 Group 的比特数 B_{PG} 为

$$B_{PG} = B_{PC} N_{CPG}$$

式中　B_{PG}——每个 Group 的比特数；

　　　　B_{PC}——每个子载波上的比特数；

　　　　N_{CPG}——每个 Group 的子载波数。

　　每个 OFDM 符号的比特数 B_{PS} 为

$$B_{PS} = B_{PC} N_{VC}$$

式中　B_{PS}——每个 OFDM 符号的比特数；

　　　　B_{PC}——每个子载波上的比特数；

　　　　N_{VC}——有效使用的子载波数。

　　最后一个 OFDM 符号的比特数目 B_{ILO} 为

$$B_{ILO} = D_L - B_{PS} \left\lfloor \frac{D_L}{B_{PS}} \right\rfloor$$

式中　B_{ILO}——最后一个 OFDM 符号的比特数；

　　　　D_L——原始数据长度；

　　　　B_{PS}——每个 OFDM 符号的比特数；

　　　　$\lfloor\ \rfloor$——取下整。

　　最后一个 Group 的比特数 B_{ILG} 为

$$B_{ILG} = B_{ILO} - B_{PG} \left\lfloor \frac{B_{ILO} - 1}{B_{PG}} \right\rfloor$$

式中 B_{ILG}——最后一个 Group 的比特数；

        B_{ILO}——最后一个 OFDM 符号的比特数；

        B_{PG}——每个 Group 的比特数；

        $\lfloor \ \rfloor$——取下整。

拷贝时需要填充的比特数 N_{pad} 为

$$N_{pad} = B_{PG} - B_{ILG}$$

式中 N_{pad}——拷贝时需要填充的比特数；

        B_{PG}——每个 Group 的比特数；

        B_{ILG}——最后一个 Group 的比特数。

计算需要的 OFDM 符号数目 N_{symbol} 为

$$N_{symbol} = \frac{D_L + N_{pad}}{B_{PG}}$$

式中 N_{symbol}——OFDM 符号数目；

        D_L——原始数据长度；

        N_{pad}——拷贝时需要填充的比特数；

        B_{PG}——每个 Group 的比特数。

根据拷贝次数和符号数计算分集拷贝的数据偏移量，可计算数据偏移量的间隔 C_{offset} 为

$$C_{offset} = \left\lfloor \frac{N_{symbol}}{N_C} \right\rfloor$$

式中 C_{offset}——数据偏移量的间隔；

        N_{symbol}——OFDM 符号数目；

        N_C——拷贝次数；

        $\lfloor \ \rfloor$——取下整。

分集拷贝的数据偏移量 C_S 为

$$C_S = (0 : N_C - 1) C_{offset} \quad (\text{从 0 到 } N_C - 1 \text{ 递增，每次} + 1)$$

式中 C_S——分集拷贝的数据偏移量；

        C_{offset}——数据偏移量的间隔；

        N_C——拷贝次数。

根据需要填充的比特数，对原始数据添加数据，添加的数据为原始数据的

$1 \sim N_{pad}$ 个比特。数据长度 D_{LF} 更新为

$$D_{LF} = D_L + N_{pad}$$

式中　D_{LF}——更新数据长度；

　　　D_L——原始数据长度；

　　　N_{pad}——拷贝时需要填充的比特数。

根据时频分集拷贝的参数计算分集拷贝的交织地址，可计算第 j 次拷贝，第 k 个 OFDM 符号在原始数据中的地址 A_{ddr} 为

$$A_{ddr} = \{ \text{mod} [N_{symbol} - C_S (j), N_{symbol}] + k - 1 \} B_{PG} + i$$

式中　　　A_{ddr}——第 j 次拷贝，第 k 个 OFDM 符号在原始数据中的地址；

　　　$C_S (j)$——第 j 次拷贝的数据偏移量；

　　　N_{symbol}——OFDM 符号数目；

　　　B_{PG}——每个 Group 的比特数。

第 j 次拷贝，第 k 个交频分复用（OFDM）符号交织后的地址 A_O 为

$$A_O = (k-1) B_{PS} + (j-1) B_{PG} + i$$

式中　A_O——第 j 次拷贝，第 k 个交频分复用（OFDM）符号交织后的地址；

　　　B_{PS}——每个 OFDM 符号的比特数；

　　　B_{PG}——每个 Group 的比特数。

根据拷贝次数、拷贝数据偏移量、交织地址、调制方式依次进行时频分集拷贝，进行交织地址的映射，即

$$D_O (A_O) = D_I (A_{ddr})$$

式中　D_O——交织映射后的数据；

　　　A_O——交织后的地址；

　　　D_I——交织前的数据；

　　　A_{ddr}——原数据地址。

在分集拷贝时，比特和子载波根据调制方式进行映射，若为 BPSK 调制，则一个子载波承载数据为 1 比特；若为正交相移键控（QPSK）调制，则一个子载波承载数据为 $1 \sim 2$ 比特。

2.4.3　研究应用于电力线载波通信系统的 *RS* 编码方法

以基础电力线网络为传输媒介的电力通信系统是当前应用最为广泛的基础网络之一。载波 OFDM 调制作为电力线通信系统的关键调制技术，在电力线通信系统中发挥了举足轻重的作用。电力线网络作为关键的基建网络，其应用范围极其广泛，应用场景千变万化，对电力线通信系统的通信可靠性和有效性提

出了复杂多变的需求。

信道编译码技术作为提升通信系统可靠性能的一种有效手段，广泛应用于各类典型电力线通信系统。电力线通信环境中衰落快和突发性强的干扰特性，决定了对突发干扰具有强大纠检错能力的 RS 编译码的重要意义，以 RS 编译码为代表的信道编译码技术在电力线通信系统中的应用已发展成为主要技术热点。本书基于 FPGA（半定制电路可编程器件）实现平台的 RS 编码，研究应用于电力线载波通信系统的编码方法。

（1）物理层接收数据链路层的控制信息，解析 RS 编码模式并生成物理层需要传输的多进制原始数据。

（2）根据 RS 编码模式，计算编码电路中各支路乘法器单元的系数。

（3）根据 RS 编码模式，确定编码电路结构。

（4）根据编码电路结构，待传输的多进制原始数据进入编码电路执行编码操作。

（5）多进制原始数据完全进入编码电路，得到编码电路各移位寄存器的终止状态，即校验数据。

（6）将原始数据与校验数据进行复接，得到最终的编码数据。

物理层解析数据链路层的控制信息包含 RS 编码模式。此技术中涉及的 RS 编码模式包含 RS（255，247）和 RS（255，239）。其中，RS（255，247）有 8 个校验数据，最多能够纠正 4 个错误数据；RS（255，239）有 16 个校验数据，最多能够纠正 8 个错误数据。

由（1）解析的 RS 编码模式计算编码电路中各支路乘法器单元的系数。以 RS（255，247）为例，校验数据个数为 8，最大可纠错能力 $t=4$，其基本多项式 $g(x)$ 为

$$g(x) = x^8 + 227x^7 + 44x^6 + 178x^5 + 71x^4 + 172x^3 + 8x^2 + 224x + 37$$

分析上述基本生成多项式的特点，RS（255，247）编码电路需要 8 个移位寄存器和 8 个乘法器单元，编码电路结构如图 2.4-5 所示。

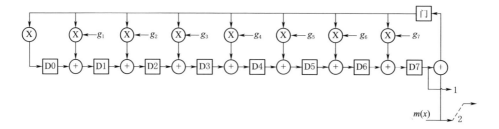

图 2.4-5 改进前 RS（255，247）编码电路结构示意图

对 RS（255，247）的基本多项式进行改进，取 $b=2^{m-1}-t=124$，计算得到其改进生成多项式 g (x)，表达式为

$$g\ (x)=x^8+238x^7+245x^6+94x^5+235x^4+94x^3+245x^2+238x+1$$

分析上述改进生成多项式的特点，改进后的 RS（255，247）编码电路需要 8 个移位寄存器和 4 个乘法器单元，编码电路结构如图 2.4－6 所示。

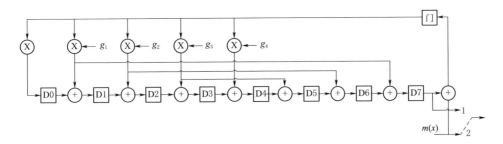

图 2.4－6　改进后 RS（255，247）编码电路结构示意图

对比改进前后 RS（255，247）编码电路结构，改进后的 RS 编码电路减少了 4 个乘法器单元。同理，RS（255，239）编码电路改进后能够节省 8 个乘法器单元。由此选择适当的数值 b 以节省乘法器逻辑资源，改进后编码电路结构如图 2.4－7 所示。

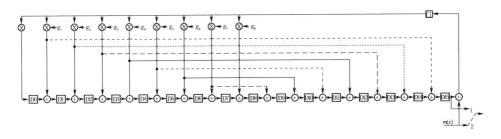

图 2.4－7　改进后的 RS（255，239）编码电路结构示意图

改进后的 RS（255，239）编码电路需要 16 个移位寄存器和 8 个乘法器单元，如图 2.4－8 所示。分析改进后的 RS（255，247）和 RS（255，239）的电路结构特点，对 RS（255，239）编码电路结构进行简单变换，可以得到 RS（255，247）等效的电路结构。此时，调节 RS 编码电路结构图 2.4－8 的拨动开关位置可以支持不同的编码模式。

原始数据进入编码电路执行编码操作。当编码模式为 RS（255，247）时，拨动开关 2 与节点 c 连接；当编码模式为 RS（255，239）时，拨动开关 2 与节

点 b 连接。输入数据未完全进入编码电路时，拨动开关 1 与节点 a 连接，编码输出为原始数据。输入数据完全进入编码电路后，拨动开关 1 与拨动开关 2 连接，编码输出为校验数据。若拨动开关 2 与节点 c 连接，输入数据个数不满 247时，则执行 $RS(n+8,n)$ 编码模式；同理，若拨动开关 2 与节点 b 连接，输入数据个数不足 239 时，则执行 $RS(n+16,n)$ 编码模式。根据 $RS(255,247)$ 和 $RS(255,239)$ 编码电路结构变换特点，对编码电路进行不同规则的切换，能够实现 RS 编码模式的灵活配置。

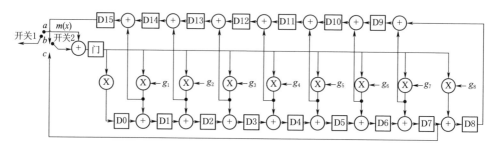

图 2.4-8　$RS(255,247)$ 扩展后编码电路结构示意图

因此，在 FPGA 实现平台上，使用尽可能少的逻辑资源实现更灵活的功能扩展。模拟的 RS 编码方法，可针对不同的编码模式进行信道编码，提高了系统的通信可靠性。

2.4.4　研究应用于电力线载波通信系统的载波电路

2.4.4.1　发送电路

载波信号耦合电路和载波发送电路如图 2.4-9 和图 2.4-10 所示。载波发送电路主要由载波耦合电路和 PA 发送两部分组成。电路设计可以保证在频率 $1.953 \sim 11.96 \mathrm{MHz}$ 范围内的 OFDM 信号不失真馈网。

2.4.4.2　接收滤波电路

1. 滤波电路设计

（1）滤波器群延时。$1 \sim 3 \mathrm{M}$ 带宽使用 12.5M 晶振，一次 IFFT/FFT 时间为 $0.08 \mu \mathrm{s}$，最小保护间隔为 264 次运算时间，$264 \times 0.08 \mu \mathrm{s} = 21 \mu \mathrm{s}$（两个子载波一个超前、一个滞后这种情况认为不存在）。

（2）幅频特性。OFDM 信号频段为 $1.2 \sim 2.8 \mathrm{M}$，带通滤波器通带设计为 $1 \sim 3 \mathrm{M}$。

（3）滤波器结构。如果上下截止频率的比超过一个倍频程（防止高通、低通相互干扰），这个滤波器就认为是宽带型的，这时滤波器的设计指标可以被分为独立的低通和高通指标，看作低通滤波器和高通滤波器的级联。现场实测低频噪声较大，因此先滤掉低频噪声，结构为先高通后低通。

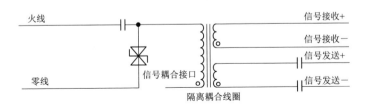

图 2.4-9　载波信号耦合电路

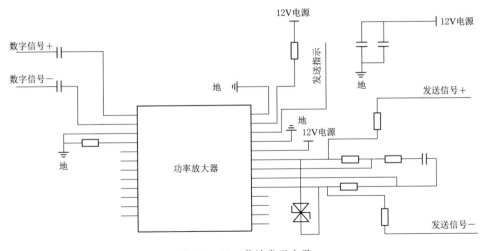

图 2.4-10　载波发送电路

　　（4）输入、输出阻抗。输入阻抗不宜过大，过大会在电阻上产生损耗，影响灵敏度。经测试，现场馈网波形一般在 16V 左右，倒推阻抗小于 50Ω，串两支 20Ω 电阻。芯片 AD 输入阻抗 400 为 Ω，故滤波器输出阻抗 400 为 Ω（考虑 PA 发送时，滤波电路自身消耗；输出阻抗过小需要输入端的能量较大）。

　　（5）陷波。宽带滤波器主要滤除带外信号，若带外信号不够陡峭，则意义不大，拟在 400K 与 3.5M 处设计衰减为 −45dB 的阻带。低频带外信号通过增加滤波器阶数来处理，但高频处的带外信号即使增加阶数也做不到。加陷波的话，若使用 LC 陷波，则因电感的 Q 值不够高，陷波效果不好且会影响通带。拟采用陶瓷陷波器来处理。

2. 滤波电路原理

滤波的接收电路如图 2.4-11 所示。

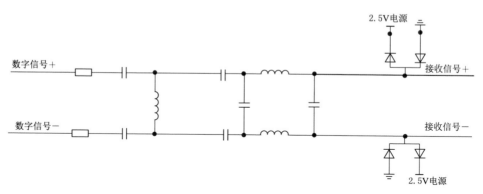

图 2.4-11　接收滤波电路

滤波器设计的通频带为 $0.7\sim12\mathrm{MHz}$，使用二端口网络分析仪测试，滤波器后端负载电阻是 400Ω，输入阻抗是 50Ω，那么反射系数 $T=400-50/400+50=7/9$，插入损耗 $I_L=10\times\lg(1-T^2)$，反射系数是 $7/9$，根据插入损耗公式可以得到插入损耗为 $-4\mathrm{dB}$，可以满足使用。

2.5　载波融合无线（双模）通信技术

2.5.1　研究宽带载波通信及高速无线通信道划分技术

根据双模系统的业务承载模型，在工作物理信道方面，双模系统要具有以下能力：

（1）网络节点双传输媒介路由选择，决定在网络传输的数据信道传输包要兼容。

（2）快速组网以及无线独立组网，决定无线系统需要有自组网与被动入网能力。

（3）小数据量突发密集通信，要求传输控制信道较少。

（4）大数据量传输需求，要求传输过程对信道利用率高，带有物理层重传及应用层重传多种重传机制。

（5）自组网与低功耗需求，要求系统需要协调网络维护的控制信道与睡眠唤＋醒机制区分定级，保证网络的自主维护与低功耗终端的省电需求。

1. 工作信道用途

从信道上划分，物理信道划分为控制信道与业务信道。其中控制信道划分为前导同步信道、短控制信道、帧控制信道、上行反馈信道。其中前导同步信道用于突发检测的同步过程；短控制信道用于在本帧物理层检测相关信息；帧控制信道包含本帧的

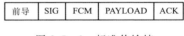

图 2.5-1 标准传输帧

控制信息，用于对高层的反馈等，标准传输帧如图 2.5-1 所示；上行反馈信道用于对前期的物理层数据帧的反馈。

但对于系统来说，要保证短数据密集传输，并满足低功耗需求，业务帧增加另外两种格式（控制帧和短数据帧）分别如图 2.5-2、图 2.5-3 所示。

图 2.5-2 控制帧　　　　　　　图 2.5-3 短数据帧

其中控制帧用于网络维护，短数据帧用于小数据突发使用。

2. 信道功能性划分

对于本双模系统中存在的网络节点，分成两类：一类为核心节点，即 CCO（Central Coordinator，中央协调器）节点，负责网络建立、网内维护与控制、网间协调、数据汇集以及与主站联系；另一类为分支节点，主要是 PCO（Proxy COordinator，代理协调器）与 STA（Station，站点）。在此类终端中未来会存在两种工作模式，一种为双模节点；另一种为单宽带载波或者无线的单模系统。其在网络中的功能是扫网、入网、参与网络维护、路由更新、数据传输。

因此，对于本双模系统，两类网络节点要满足以下要求：

（1）CCO 节点。

1）首先在建立新网络时要规避规定频带内长期存在的干扰或异系统频带。

2）其次需要规避其他已经存在 CCO 网络的频率。

3）最后当 CCO 建立网络后，需要通知到其他已存在的以及准备建立的其他 CCO 网络。

4）建立 CCO 网络后，CCO 节点需要安排所有边界节点以及 PCO 节点轮流进行无线广播，通知网络范围。

（2）PCO 与 STA 节点。

1）如果可以从宽带载波系统上获取无线资源信息，则可以直接获取所在宽带载波所属的 CCO 网络的无线网络工作频点，并直接从该频点直接入网。

2）如果无宽带载波网络系统，则需要节点自主搜索可以接入的 CCO 网络，择优进入后，进行 CCO 间节点协调，使节点可以接入到归属 CCO 网络。

3）工作期间 PCO 及 STA 节点还需要有获得同 CCO 网络临近节点信道信息，用以实时维护路由信息。

考虑到无线网络没有天然的网络边界的特性，需要每个工作的 CCO 均可以将各自边界通知至新建网络的 CCO，才能有效地防范同频网络的冲突。各个 CCO 网络之间，具有相互协调的工作信道。

另外，对于 PCO/STA 在盲入网时，应查找所有可能存在的 CCO 网络。

由此考虑设计一种独立于各个 CCO 网络之外的协调信道，用以解决 CCO 之间协调网络频谱资源，提供 STA 在 CCO 网络之间的切换。

对于 CCO 网络内的邻节点测量，可以在工作信道内执行，也可以在协调信道内执行。假设邻节点测量的信标在 CCO 网络中发送，则要求待入网的终端要入网后才能获得邻节点信息，或者需要在每个可疑频点上进行长时间侦听，用以确定是否存在可用网络。因此，本书建议将网络内的信标也在协调域中发送。

综上所述，将整个工作频段划分成为两个频段，其中低频段部分为 CCO 协调域频段，高频段部分为工作频段。

将 470～510MHz 工作频段划分成 470～480MHz 的协调域频段与 480～510MHz 的工作域频段。其中协调域的带宽设计为 200kHz 固定配置，工作域的带宽设计支持 200kHz、500kHz、1MHz 3 种工作模式。

在协调域中，采用 TDMA（时分多址）方式进行轮询 CCO 网络信标发送，设计最大支持 5 个 CCO 协调域，每个协调域的 TDMA 周期为 1min，每个周期中最大支持按照 100ms 一个传输帧定时，共支持 600 个节点的无线广播。

2.5.2　研究宽带载波通信及高速无线通信融合数据链路层技术

2.5.2.1　双模网络形态研究

宽带载波协议中，随着网络规模的增大、网络层级的加深、代理节点的增加，维护网络的开销也在不断增大（信标时隙、发现列表报文、心跳报文），泛在物联网的需求会进一步提高对网络规模的要求，而当前无线 200～500kHz 的信道速率无法和宽带载波进行完全匹配。

此外，基于泛在物联网的要求，网络中可能会存在大量无线单模低功耗设备，低功耗设备对数据发送的时间间隔和速率都有着更严苛的要求。

最后，为了节省部署成本，需要最大化地利用现有的单模宽带载波网络，在台区中更换最少量的双模产品后达到支持双模的效果。现有已经部署的单模宽带载波产品可以通过软件升级的方式支持双模协议。

基于以上几点考虑，以宽带载波为骨干网络，无线覆盖最后一级边缘无线设备以及一些宽带载波通信不可达的双模设备的方案，既能最大化地兼容和利用现有网络，也能支持双模和无线设备的需求，设想的双模拓扑如图 2.5 - 4 所示。

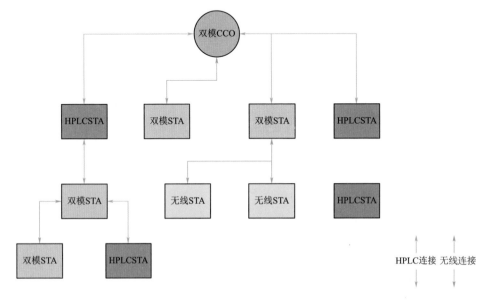

图 2.5 - 4　双模拓扑

2.5.2.2　双模 MAC 子层研究

1. 基本机制

无线信道并不存在相线的概念，同时无线信道中，也没有多级代理的存在。因此，无线信道不建议划分时隙，完全采用自由竞争的信道机制（CSMA）。在多个无线网络并存并且互相干扰的时候，CCO 之间需要尽可能地协调不同的无线工作频段，尽量避免互相之间的干扰。

2. 信标机制

双模 CCO 需要定期在特定无线频段发送无线信标帧。对于通过宽带载波连接接入网络的双模 STA，CCO 通过宽带载波信标帧指定其在特定的无线频段进行周期性的无线信标帧的发送。无线信标帧用于指引周围的无线 STA 和无法通过宽带载波接入网络的双模 STA 设备通过无线连接接入网络。需要通过无线信道接入网络的 STA 设备在侦听到多个无线接入点后，可以选择一个信号比较好，且无线负载轻（子节点比较少）的无线接入点进行网络接入。

3. 信道访问

无线网络的加入，使得信道的使用更加复杂，在复杂网络的情况下隐藏节点的情况可能更加明显。如图 2.5-5 所示，A 和 C 互相听不到，但是 AB 和 BC 互相可以听到，这个时候虽然无线节点都是 CSMA 的发送，但是 A 和 C 是无法检测到对方而进行退避的，这种情况 A 和 C 就是互为隐藏节点。此时如果 A 和 C 同时发送信息，对于 B 来说就无法正确收到了，再加上无线速率较低，同样的数据包，无线节点可能会需要发送更长的时间，使得情况更加严重，所以为了减少冲撞，提高信道利用率，增加 RTS/CTS 的选择发送（RTS 和 CTS 都是非常小的包）。

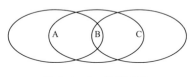

图 2.5-5　隐藏节点

在典型场景中，图 2.5-5 中 B 一般是 PCO 或者 CCO，A 或者 C 是 STA 节点，A 和 C 都有信息跟 PCO 交互，此时 B 会比较繁忙，受到隐藏节点的影响会比较明显。在存在 RTS-CTS 的解决方案中，对于长度较大的包，A 或者 C 发送前都可以加上一个 RTS，表示请求发送，B 收到之后，回复一个 CTS 给 A 或者 C，表示允许发送，这样 A 或者 C 就可以开始发送了。A 和 C 都需要监听 RTS 或者 CTS 的包，包括自己的跟别的节点的，都需要遵守包头中的 VCS 设置，从而避免隐藏节点造成的冲突，如图 2.5-6 所示。

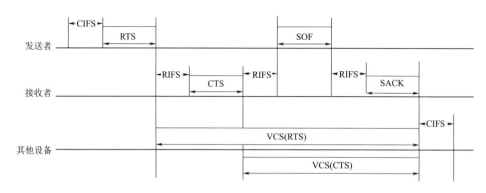

图 2.5-6　RTS-CTS

RTS 的请求方发送之后，可能会有多个接收方收到，但是只有目的地址的节点回到 CTS。其余的节点会将自己的 VCS 的长度，设置为 RTS 里面的包长 FL 域，这个就意味着在这段时间内，收到 CTS 的节点都会保持静默。

从图 2.5-6 中可以看出，对于单播包而言，RTS 的 FL 域的长度应该等于 RIFS＋CTS＋RIFS＋SOF＋RIFS＋SACK。

CTS 的 FL 域长度应该等于 RIFS＋SOF＋RIFS＋SACK，剩下的 SOF 的 FL 域的填法跟原来的保持一致；对于广播包而言，RTS 的 FL 域的长度应该等于 RIFS＋CTS＋RIFS＋SOF。

CTS 的 FL 域长度应该等于 RIFS＋SOF。如果发送方在发出 RTS 之后，没有收到 CTS，那么它需要按照目前单播 SOF 冲突检测的退避处理，然后再次尝试发送 RTS，对于 CTS 没有收到的情况，对于发送方而言可以算作一次发送失败。

4. 数据处理

因为无线信道的特殊性，在速率不匹配、干扰存在的情况下，对现有的宽带载波的 MPDU（MAC Protocol Data Unit，MAC 层协议数据单元）处理方式的要求会提高，比如一个 MSDU（MAC Service Data Unit，MAC 服务数据单元）可能会被划分成更加小的 MSDU，多次传送的情况会增加，对于 reorder（接收方的重新整理）组包的要求也会更高。

目前宽带载波的 MAC 层数据处理有如下问题：

（1）发送端跟接收端不同步，表现在接收端不知道发送端是否还在传送同一 eam 中的同一 MSDU，同一个 stream（流）有同样的 NID/TEI/LID。本来应用中，期望 retry bit（重复位）能够达到这个目的，但实际情况是，MSDU 传送多次之后，有可能会被放弃，这样下一个 MSDU 传送的时候，retry bit 等于 0，但是这个等于 0 的 retry bit 只发送一次，如果这个 MPDU 接收方没有正确收到的话，后面所有的 MPDU 收到的都是 retry＝1 的包了，而这个时候如果将前一个 MSDU 的 PB（物理块 PHY Block）跟后面的 MSDU 的 PB 组合起来会发生 MSDU CRC（MAC 层服务数据单元循环）错误，造成信道资源浪费。

建议 retry bit 在接收方回复当前 MSDU 的正确 ACK 之前一直是 0，具体来说就是如果对方正确收到了这个 MSDU 的任一个 PB，并且发送方收到了对应的 ACK，那么发送就知道接收方已经开始接收当前这个 MSDU 了，这个时候就可以将 retry＝1。如果达到最大重传次数，对方还没有收下来，那么当前 MSDU 被抛弃，下一个 MSDU 开始传输，这个时候 retry＝0 并且重复前面的过程。如图 2.5-7 和图 2.5-8 所示，对于发送端的 TX 状态图跟接收端的 RX 状态图显示了对应关系，其中发送端主导整个传送的过程，根据最大重传次数的设置进行 MSDU 的传送。在实际应用中，为了减少信道不对称带来的影响，发送端可以轮流发送所有未完成 PB，这样对于接收端可以提高成功的概率。

（2）在重传的时候往往是整个 MSDU 或者整个 MSDU 重传，这样会浪费有效带宽。如果可以结合上面的改进，并且基于 PB 的粒度进行重传，可以尽量减少重传冗余 PB，从而更加高效的利用信道资源。

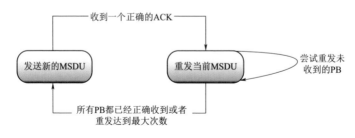

图 2.5 - 7　TX stream 状态

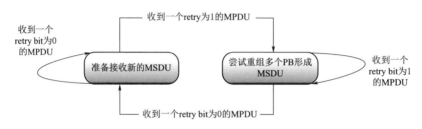

图 2.5 - 8　RX stream 状态（retry bit 表示重试位）

5. PHY 时钟与网络时间同步

建议基于目前的 PHY（Physical Layer，物理层）的帧格式定义，在信标帧的 FC（Frame Control，帧控制）内部携带时间戳，只要 FC 能够收下了，那么时钟就可以校准。校准方法跟现存的计算方法相同。

对于一个双模的节点，PHY 时钟在 IPLC（国际私用出租线路）和无线信道需要同源并共享一个 NTB（Network Time Base，网络基准时间）时间，这样能较好统一规划 MAC 信道分配，对于单无线节点的 SCAN（Single Client Access Name）周期跟低功耗省电模式都具有重要意义。

2.5.2.3　多网络共存和协调

无线信标帧中携带的网络标识和宽带载波信标帧应保持一致。双模 CCO（Central Coordinator，中央协调器）需要监听其他网络的无线信标帧，如果发现和本网络的 NID（Network Identifier，网络标识符）一致时，必须进行协商。CCO 会首先设定一个协商缓冲期，可以是 10ms～10s 范围内的一个随机值。CCO 在这个协商缓冲期内，继续监听邻居网络的无线信标帧。如果在协商缓冲期内，发现邻居网络的 NID 已经与本网络的 NID 不同，则本网络的原 NID 保持不变。如果直到协商缓冲期到期，发现邻居网络的 NID 与本网络的 NID 继续冲突，则协商缓冲期到期后，本网络 CCO 获取一个新的空闲的 NID 作为本网络的标识。当 CCO 确定启用新的 NID 后，必须启动本网络的重新组网。

本网络的其他具有无线信道收发功能的 STA 设备在通电后需要侦听其他网络的无线信标帧。如果发现和本网络的 NID 一致时，需要上报网络冲突上报报文给 CCO。当 CCO 通过网络冲突上报报文获知存在多网络冲突时，处理方式和宽带载波信道的多网络冲突的处理策略保持一致。

2.5.2.4 多模网络动态组网研究

不同的本地数据通信技术有不同的技术特点，在不同的应用场景里面的采集效果也有差异，制约数据采集的覆盖率，影响低压集抄建设的效果和应用。

双模通信是众多数据采集通信技术的一种，曾用"双模异构"来表示此通信技术，其具体的含义是电力线载波通信技术和微功率无线通信技术的混合技术，同时利用了两种技术的优点，克服了两种技术的缺点。双模通信理论上具备了电力线载波和微功率无线通信两种技术的优点，克服了两种技术的缺点，传输的可靠性与稳定性得到提升。但实际应用情况却不尽然，要想发挥两种技术的优势，对混合组网、信道调度的技术要求比较高。当前阶段国内的主要双模方案厂家基本都以一种技术为主，另一种技术作为补充或桥接的作用。现有的通信方案均将所有采集节点同类处理，采用单一的组网方式，并未针对电能表、水表、气表、热表进行甄别利用。想要充分发挥双模信道的优势，电力线载波信道和微功率无线信道必然要做到充分的混合组网。

1. 多模混合组网

混合组网中节点类型包括 CCO、PCO（Proxy Coordinator，代理协调器）、STA，其节点属性可以为单模载波、单模无线、双模。其中双模模式细分为全双模模式和半双模模式。全双模模式下无线和载波可以同时发送和同时接收；半双模模式下无线和载波只能同时接收，发送时需要分时发送。该方案在兼容单模载波和单模无线节点的同时，针对双模工作的两种工作模式进行特殊设计，进一步提高了全双模属性节点的通信效率。

一个 CCO 组织的网络只使用一个无线信道，CCO 启动后，随机选择无线信道进行侦听，当该信道长时间空闲时，采用该信道，否则重新选择信道，直到找到空闲无线信道，启动无线组网。

当网络中有节点发现无线信道冲突时，则进行信道冲突上报，由 CCO 重新选择空闲信道，然后进行无线信道切换。

该协议的信道规划需要根据两种信道速率进行适配，为了简化问题，协议中信道规划按照两种信道速率相同进行适配。

2. 混合组网系统模型

对于用电信息采集系统，双模混合通信网络形成以 CCO 为中心、以 PCO（智能电表/Ⅰ型采集器通信单元、双模Ⅱ型采集器）为中继代理，连接所有 STA（智能电表/Ⅰ采集器通信单元、双模Ⅱ型采集器）多级关联的树形网络。图 2.5-9 所示为典型的双模混合通信网络的拓扑，图中实线为高速载波路径，虚线为高速微功率无线通信路径。

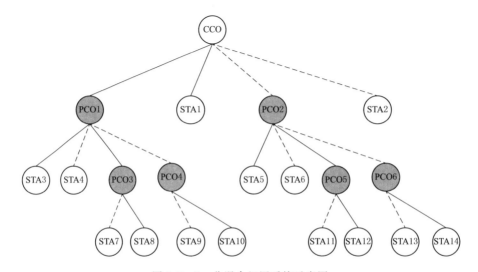

图 2.5-9　分混合组网系统示意图

双模网络拓扑中，包括单载波节点、单无线节点以及双模节点三种属性的节点，其中双模节点又可以分为全双模节点和半双模节点，上述四种属性节点可以进行混合组网。

3. 混合组网通信协调研究

多个双模通信网络共存场景下，会形成双模通信协调域，图 2.5-10 所示为双模多网络拓扑。

4. 混合组网通信算法

（1）节点属性。网络中各节点需要配置自身属性信息，节点属性见表 2.5-1。

（2）信道规划。该协议信道规划基本延续宽带载波载波数据链路层协议中内容，针对双模 CCO 节点和半双模 STA 节点增加无线信标时隙，其余信道规划未做改变。

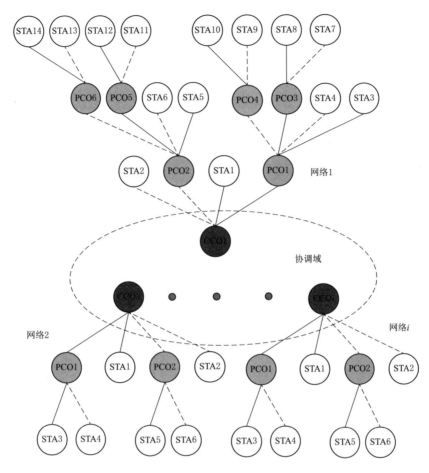

图 2.5－10　双模多网络拓扑

表 2.5－1　　　　　　　　　　　节　点　属　性

值	节　点　属　性	值	节　点　属　性
2'b00	单模载波	2'b10	半双模
2'b01	单模无线	2'b11	全双模

（3）中央信标时隙规划。针对 CCO 不同的节点属性，其中央信标时隙规划
也不同。当为单模载波节点时，其中央信标只有 A/B/C 三相载波时隙；当为单
模无线节点时，其中央信标只有 D 相无线时隙；当为双模节点时，其中央信标
有 A/B/C 三相载波时隙和 D 相无线时隙。

（4）非中央信标时隙规划。对于单模无线、单模载波的节点，只需要给其规划一个信标时隙；对于全双模节点，因为其载波和无线可以同时发送，因此只需要给其规划一个信标时隙；对于半双模节点，因为其载波和无线需要分时发送，因此需要给其规划两个信标时隙。因此，当信标时隙中给半双模节点只规划一个信标时隙时，该节点可以依次认为该时隙为载波信标时隙和无线信标时隙，以维持网络的正常运行。

（5）CSMA 域时隙规划。CSMA 域延续宽带载波的三相时隙规划，当 CCO 为单模无线节点时，需要拟合出三相时隙。在 CSMA 时隙中，单模载波节点在自己所属相位时隙进行发送；单模无线节点在三相时隙都可以发送；全双模节点在所属相位时隙通过载波发送，在所有相位时隙通过无线发送；单双模节点在所属相位时隙通过载波发送，在所属相位以外时隙通过无线发送。可以在所属相位以外时隙通过无线发送。为了减少无线域的节点冲突，无线的节点时隙规划为：全双模节点，在自身相线时隙发送无线信号；半双模节点，在自身相线时隙的后一个时隙发送无线信号；单模无线节点，拟合出自身相线，然后在自身相线时隙发送无线信号。

（6）信道规划示例。针对上图的组网拓扑，其信道时隙规划示例如图 2.5-11 所示。中央信标中增加了无线信标时隙；代理信标规划中给 TEI2 规划了载波信标时隙，给 TEI3 规划了混合信标时隙，给 TEI4 规划了载波和无线信标时隙，给 TEI5 规划了无线信标时隙；发现信标规划中给 TEI6 规划了混合信标时隙，给 TEI7 规划了载波信标时隙，给 TEI8 规划了无线信标时隙，给 TEI9 规划了载波和无线信标时隙。

图 2.5-11　信道时隙规划示例

2.5.3　研究宽带载波通信及高速无线通信功耗控制技术

2.5.3.1　准实时双向低功耗通讯方式研究

为了满足其他业务部门的业务需求，需要在主站和低功耗表计之间建立一套准实时的通信网络，这样主站才能实现对低功耗表计的远程费控、远程阀控、预付费管理等功能。因为电力的无线互联互通网络已经实现主站和电表之间的实时双向通信功能，因此只需要能够打通电表和低功耗表计之间的最后一个环节即可。为了实现电表模块和低功耗表计之间的无线准实时通信方式，特别设计了唤醒通信、双向异频通信、双向异速通信等通信方式，电表模块和低功耗表计通信遵循先唤醒后通信的原则。

唤醒码是有 n 阶线性反馈移位寄存器产生的一串连续比特流，唤醒码用于对设备按地址进行唤醒，启动进入某种工作状态。

唤醒码的生成多项式如下表所示，当集中用于对水、气、热表进行广播数据采集时，对应的代码有三种，详见表 2.5-2。

表 2.5-2   广播唤醒码多项式生成表

表计类型	阶 n	代码	多 项 式
水表	17	0x38027	$X^{17}+X^{16}+X^{15}+X^{5}+X^{2}+X^{1}+1$
燃气表	17	0x3804D	$X^{17}+X^{16}+X^{15}+X^{6}+X^{3}+X^{2}+1$
热量表	17	0x38081	$X^{17}+X^{16}+X^{15}+X^{7}+1$

唤醒码的长度可根据需求进行设计，满足需要唤醒的仪表地址数量要求，水、气、热表对唤醒码进行检测，当符合自身的地址时即被唤醒开启通信工作，如不符合，则重新进入休眠状态。

为保障系统可靠工作，在设计上循环发送三次唤醒码，水、气、热表检测唤醒窗口应能满足一次检测到唤醒码，即被唤醒，以确认是否符合是否进行通信。

由于唤醒需要时间，低功耗表计的设置唤醒时间 t 为 1～10s，电表模块和低功耗表计通信存在 t 时间消耗，因此将本通信模式定义为"准实时"的通信方式。

2.5.3.2 双向异频通信方式

电表微功率无线互联互通网络使用 32 个频道组，64 个频点，不同的物理区域采用不同的工作频道组，相邻的区域通过使用不同的频道组来规避相互干扰影响。因为电表的网络长期处于活跃的状态，如果低功耗表计的侦听守候频点和互联互通一致，低功耗表计会频繁收到空中信号，唤醒后接收数据，会对低功耗表计带来灾难性的影响，电池很快会消耗殆尽，为了避免这种情况的发生，将低功耗表计的接收频点（也就是电表无线模块唤醒低功耗表计的发射频点）重新进行划分。但是由于电表模块也要接收低功耗表计发送的应答信号，所以将低功耗表计的发射频点和电表模块的接收频点保持一致，因此就形成了低功耗表计接收和发送处于不同频点的情况。

2.6　研究分布式电力载波路由技术

2.6.1　基于拓扑信息的动态路由策略

1. 系统模型

基于拓扑信息的动态路由策略模型如图 2.6 - 1 所示。

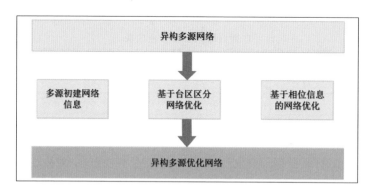

图 2.6 - 1　基于拓扑信息的动态路由策略模型

采集系统中存在电能表以及其他设备的很多位置、用户及编号信息，基于数据库信息的数据分析，搭建初步的网络规模和拓扑信息，从而形成初始的网络模型。不过由于管理及信道特性，此时网络模型还不准确，需要借助通信系统的自动识别、边缘计算、大数据分析和似然估计进行调整。

2. 基于拓扑的动态路由算法仿真

针对常规组网算法和采用拓扑信息的动态路由算法仿真对比，选用 491 个节点的系统样本，基于台区信息、相位信息的路径尝试次数进行统计，组网方式对比如图 2.6 - 2 所示。基于台区拓扑信息的路由算法，尝试次数明显低于常规组网方式。

3. 研究结论

由此可以将待测电能表进行初步划分，确定电能表的相位信息。相位信息作为组网策略的关键选择因子，搭建基于相位信息的分相组网策略。由此可大大节省网络开销，加快网路的建立、切换，并维持网络的稳定。

2.6.2　机会中继通信中位置感应的中继选择

选择中继是协作通信中的关键问题，机会中继是一种选择策略，即当协作

带来增益时才协作，而且一旦协作就要选择最佳中继。机会中继可分为集中式
策略和分布式策略：集中式策略一般由一个控制中心节点根据中继反馈的解码
状态和信道状态信息（CSI）做出中继选择决定，但是需要大量 CSI 反馈开销；
分布式策略则无须设置控制中心和中继间的直接 CSI 交换，在各个中继处设置
一个计时器来竞争，计时器初始值与其瞬时 CSI 成反比，可以实现与分布式空
时编码相同的分集复用折中。由于多个计时器有可能在同一段时间间隔内耗尽，
分布式机会中继存在发送 flag（标识）包冲突的问题，有改进方案提出在各中继
多增加一个预置阈值，只有信源-中继的信道增益高于该阈值的中继才能发送
flag，但是这种方案在节点数量巨大的网络或者快变的拓扑结构中如何实时地调
整阈值有待研究。为了降低 flag 包冲突概率，可以考虑结合节点地理信息改进
机会中继策略，只有同时满足信道条件和位置条件的中继才能发送 flag，限制竞
争中继数量的同时又选择较优中继实现系统需求的中断性能。

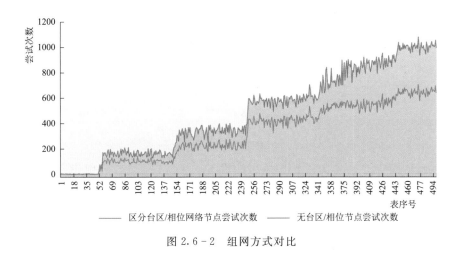

图 2.6 - 2　组网方式对比

同时，PLC 通信可以获取各个节点的物理拓扑结构，即获得位置信息，共
享基于 PLC 获取的物理拓扑结构，包含 PLC 的多模终端利用其他通信模式进行
中继选择时也可使用位置信息，从而提升机会中继选的成功率。

1. 系统模型

在放大转发（AF）双跳半双工中继系统中，1 个信源 s 从 N 个潜在中继中
选出 1 个中继与目的 d 通信，信道服从瑞利衰落，信道对称，中继选择准则基
于分布式机会中继模型，假设所有节点均可互相侦听。如图 2.6 - 3 所示，原始
的分布式机会中继传输周期划分为三个阶段：

阶段 Ⅰ：中继侦听信源 s 发送的 RTS 和目的 d 发送的 CTS，中继 r_i（$i=1$，2，$\cdots$，N）通过 RTS 和 CTS 的传输测量与信源 s 之间的瞬时 CSI（h_{si}），以及与目的 d 之间的瞬时 CSI（h_{id}）。

阶段 Ⅱ：当中继 r_i 接收到 CTS 后，启动参数为 H_i 的计时器，H_i 是关于瞬时 CSI 测量 h_{si} 和 h_{id} 的函数，对 H_i 的定义有两种：一为信源-中继信道增益与中继-目的信道增益的较小值，$H_i=\min\{|h_{si}|^2$，$|h_{id}|^2\}$；另一为二者的调和平均值，$H_i=\dfrac{2}{\dfrac{1}{|h_{si}|^2}+\dfrac{1}{|h_{id}|^2}}$。计时器初始值的设置与 H_i 成反比，

即 $T_i=\dfrac{\lambda}{H_i}$，其中 λ 为时间常数。最佳中继处的计时器将最先耗尽，然后这个最佳中继发送 flag 包，其他中继侦听到该 flag 包后停止自己的计时器并退避。

阶段 Ⅲ：信源 s 与阶段 Ⅱ 中选择的最佳中继协作向目的 d 发送数据，目的 d 对两路接收信号采用最大比合并（MRC）实现分集。

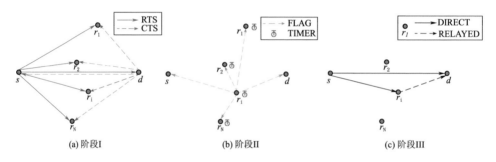

图 2.6-3　位置感应的中继选择方案

节点间传输主要受大尺度衰落和 AWGN 噪声影响，如链路 $j\to k$ 中，j、$k\in\{s$，d，r_i（$i=1$，2，$\cdots$，N）$\}$，节点 k 处的接收信号为 $y_k=\sqrt{P_j}h_{jk}x_j+n_k$，其中 x_j 为节点 j 发射的信号，P_j 为发射功率，$n_k\sim N（0，N0）$ 为节点 k 处的 AWGN 噪声。信道增益 h_{jk} 服从瑞利分布，其实部和虚部是独立同分布高斯随机变量，即分别服从分布 $N[0，E（|h_{jk}|^2）/2]$，$E（\cdot）$ 代表数学期望。使用对数-距离的路径损耗模型，链路 $j\to k$ 的信道增益为 $E（|h_{jk}|^2）=G_{jk}^2=（\lambda_c/4\pi d_0）^2（d_{jk}/d_0）^{-\mu}$，其中 λ_c 为载波波长，d_0 为参考距离，d_{jk} 为节点 j 与节点 k 之间的距离，μ 为路径损耗指数。

2. 方案步骤

位置感应的中继选择（LARS）方案是基于分布式机会中继传输模型，假定

所有节点为 PLC 和微功率无线双模终端，由于采用 PLC 技术可以获取节点的物理拓扑结构，微功率无线通信机制可以共享此位置信息。LARS 基本思想是首先找出了单中继的理论最佳位置（在信源与目的连线中点处），然后将整个中继选择区域以该最佳位置为圆心划分为一些不重叠的环形带。各个潜在中继根据目的节点的反馈信息，决定是否在指定的竞争周期内启动自己的计时器参与竞争，如果在前一竞争周期内没有中继被选中，那么当前竞争环形带的外径、内径都翻倍以继续竞争中继。这个迭代过程将一直执行，直到中继选择进程结束，或者当竞争区域已经达到最大的中继选择范围时还没有选择到合适的中继。如图 2.6-4 所示，LARS 方案的传输周期也可分为三个阶段：

阶段Ⅰ：类似分布式机会中继模型 StageⅠ。信源 s 在发射的 RTS 包中增加自己位置（x_s，y_s），使目的 d 可以共享该信息。接收到 RTS 后，中继 r_i（$i=1$，2，…，N）测量信源-中继链路的本地瞬时 CSI（h_{si}），目的 d 也测量信源-目的链路的瞬时 CSI（h_{sd}）。目的 d 在发射的 CTS 包中增加三个信息：一是信源-目的链路的信道增益 $|h_{sd}|^2$，以帮助潜在中继决定是否竞争；二是信源-目的之间的距离 d_{sd}，为 $d_{sd}=$

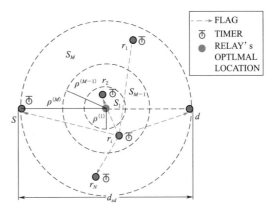

注:阶段Ⅱ中若环形带 S_1 内的中继 r_2 竞争失败，则下一环形带内的中继继续竞争，例如中继 r_i 竞争成功降发送flag包。

图 2.6-4 中继选择过程

$\sqrt{(x_s-x_d)^2+(y_s-y_d)^2}$，其中（$x_d$，$y_d$）是目的 d 的位置；三是中继理论最佳位置（x_0，y_0），为 $x_0=(x_s+x_d)/2$，$y_0=(y_s+y_d)/2$，该结论是根据分析推导得到，即单个 AF 中继使目的端接收信噪比最大的最佳位置是在信源与目的连线的中点处。接收到 CTS 后，中继 r_i（$i=1$，2，…，N）测量中继-目的链路的本地瞬时 CSI（h_{id}），且共享 $|h_{sd}|^2$，d_{sd} 与（x_0，y_0）信息。

阶段Ⅱ：首先各中继 r_i，位置为（x_i，y_i），计算出自己与中继理论最佳位置之间的距离 d_{io}，为 $d_{io}=\sqrt{(x_i-x_0)^2+(y_i-y_0)^2}$。根据距离和位置信息，中继选择区域可确定为以（$x_0$，$y_0$）为圆心、$d_{sd}/2$ 为半径的圆面。假设划分中继选择区域为竞争环形带的最大次数为 M（$M=1$，2，3，…），则第 m 次划分的竞争环形带 S_m 的圆心为（x_0，y_0）、外径为 $\rho^{(m)}$、内径为 $\rho^{(m-1)}$，其中 ρ^m 指数递增，即 $\rho^{(m-1)} = 2m\rho^{(1)}$，$m = 1$，$2$，$\cdots$，$M-1$，并且 $\rho(0) = 0$。因等式 $\rho^{(m)} = d_{sd}/2$ 成立，可解出半径 ρ^m 为 $\rho^{(m)} = 2^{m-M-1}d_{sd}$，$m = 1$，$2$，$\cdots$，$M$，$\rho^{(m)} = 0$，$m = 0$。之后各中继相应启动计时器开始竞争。

步骤 1：初始化 $m = 1$，则 $\rho^{(1)} = d_{sd}/2M$。

步骤 2：若 $m > M$ 成立，则转向执行步骤 4；否则继续。

步骤 3：中继 r_i（$i = 1$，2，$\cdots$，N）如果能同时满足 $\rho^{(m-1)} < d_{io} \leqslant \rho^{(m)}$ 与 $H_i > |h_{sd}|^2$，则启动初始值为 T_i 的计时器（$T_i = \lambda/H_i$，$H_i = \min\{|h_{si}|^2$，$|h_{id}|^2\}$）参与竞争，若某一中继在一次竞争周期时间 τ（$\tau > \min\{T_i\}$）是一个预置的时间值，是影响中继选择进程所消耗的时间，首先耗尽即为最佳中继，其他中继在侦听到最佳中继发送的 flag 后将停止计时并退避，转向执行阶段Ⅲ的情况 1；否则在时间 τ 后置 $m = m + 1$，并从步骤 2 处开始重复。

步骤 4：信源 s 发射一个 flag 包通知不协作，转向执行阶段Ⅲ的情况 2。

阶段Ⅲ：分有两种情况。

情况 1：总发射功率 P 平均分配给信源和最佳中继，第一跳时信源 s 广播，最佳中继接收；第二跳时最佳中继向目的 d 转发放大信号，目的 d 对两路接收信号进行 MRC 合并。结束。

情况 2：信源 s 使用总发射功率 P 直接向目的 d 发送数据，此时所有中继均空闲。结束。

3. 研究结论

位置感应的中继选择（LARS）方案可以应用于微功率无线网络、基于 CSMA 接入的 PLC 网络、Ad-Hoc 网络、无线传感器网络中。LARS 方案根据地理信息将中继选择区域进行了逐级划分，而且只允许同时满足自身两跳信道优于信源-目的之间信道以及位置在指定的环形区域内的中继发送 flag 包竞争成为最佳，竞争中继的平均数量显著减少，从而降低了冲突概率，有效地解决了分布式机会中继通信系统的 flag 包冲突问题，同时还能保证系统需求的中断性能。

2.6.3　网络选择算法分析

2.6.3.1　网络多属性分析

网络环境中，不同的接入网有各自不同的特点。多种多样的网络提供多种多样不同的服务，网络选择的关键是如何根据不同业务的 QoS 需求进行决策，选择最适合的网络，为其提供服务。而不同的业务类型对网络的属性要求是不

同的，例如实时性业务，其对时延的要求较高，而冻结数据等非实时性的业务
则对网络的传输速率要求较高，因此本书综合考虑这些要求，主要选取了网络
带宽（即网络传输速率）、时延、抖动、网络负载、丢包率这些因素作为用户进
行网络接入选择决策的主要依据。

（1）带宽（传输速率）。一般而言，网络的带宽越大，则用户的网络体验也
会越好。

（2）时延。各种业务对时延具有不同的敏感度。会话类业务对时延的要求
最为严格，而时延对后台类业务的影响却很小。因此，在具体的网络选择过程
中，要结合不同的业务自身的需求进行选择。

（3）网络负载。指的是用户可以利用业务功能时间在全部时间中的比例，
它的作用是衡量当前网络是否可以实现用户的正常需求。

（4）丢包率。通常情况下，网络中如果出现了堵塞，或者是出现了错误，
那么，数据包将会被丢弃。丢包率是衡量网络服务质量 QoS 的一项指标。

2.6.3.2　基于多属性决策的网络选择算法

由以上分析可以看出，在网络选择决策中，要综合考虑到用户的偏好和网
络融合的影响因素。因此，网络选择策略可归结为多属性决策问题。

多属性决策（Multiple Arribute Decision Making，MADM）是指对于给定
的选项，根据一套客观的标准为决策者衡量和确定每个方案的目标属性值，然
后使用一些决策标准进行比较，可以得到方案的排序（或优先级）结果。多属
性决策具有如下几个特点：

（1）备选方案。它是决策的客体，不同的应用中，如策略、候选者、选项、
行动等也是指的备选方案。方案描述了多个属性，这些属性是相互矛盾的。

（2）多个属性。每个问题都有很多个属性。

（3）不同量纲。不同的属性，其测量单位也都是不一样的。以网络选择为
例，带宽用赫兹表示，时延用秒表示等。由于测量的数值具有不同的度量单位，
需要先将量纲统一，才能进行属性的整体比较。

（4）属性权重。权重指的是属性的相对重要程度，通常是由决策者提供的，
可表示成基数形式或以序数形式表示。

多属性决策模型一般都是基于效用理论的，见表 2.6-1。在决策理论中，
决策者的偏好是用效用（utility）来描述的，效用就是偏好的量化，可以用效用
式（2.6-1）来表示，$U(A)$ 代表备选方案 A 的效用，其中 M 表示备选决策方案
的集合，X 是备选方案的所有属性的集合。计算得出各个方案的效用函数值，
作为综合评价指标，即可得出各个方案的优劣排序。

$$U(A_i) = \sum_{j=1}^{n} w_j x_{ij} \, (i \in M) \qquad (2.6-1)$$

表 2.6-1   多 属 性 决 策 模 型

备选方案	属　性			
	X_1	X_2	...	X_n
A_1	x_{11}	x_{12}	...	x_{1n}
A_2	x_{21}	x_{22}	...	x_{2n}
⋮	⋮	⋮	⋮	⋮
A_m	x_{m1}	x_{m2}	...	x_{mn}
权重	w_1	w_2	...	w_n

多属性决策，依据决策者所提供的信息是否充分，将其分为三个类别：一是给定方案的偏好信息决策；二是无偏好信息决策；三是有属性偏好信息决策。

在有属性偏好信息决策中，已知属性权重信息的决策应用最为广泛，形成了简单加权法、线性分配法、层次分析法（AHP）、TOPSIS 法、ELECTRE 法和 PROMETHEE 法等经典决策方法。

（1）简单加权法。该方法建立在多属性效用理论基础上，将属性值的加权和作为选择依据。

（2）线性分配法。该方法的思想是如果一个方案的很多属性都排名较前，被选择的可能性就会比较大。

（3）层次分析法（AHP）。这种方法将一个较为复杂的问题进行分解，从而将这些分解之后得到的因素组成为一个阶层次结构，并借助于对比的方法，确定在同一层次中所有因素的重要性，并与决策者的偏好进行结合，最终实现备选方案的排序。

（4）TOPSIS 法。在确定当前的多属性决策的决策矩阵之后，借助于对各个方案与正负理想解之间的加权距离的计算，最终选定最佳方案。

（5）ELECTRE 法。依照决策者对于风险的承担态度，结合各个方案之间的"级别高低"，从而实现方案的优胜劣汰。

（6）PROMETHEE 法。它是另一种计算各个方案"级别高低"的方法，与ELECTRE 法存在差异，它是通过扩展属性的思想来构造级别关系。由于该方法进行多属性决策时，没有明确如何计算权重，所以决策者要与实际现状相结合，确定产生权重的方法。因此，它需要的是有经验的决策者才能顺序开展工作，在异构网络选择决策研究中该方法并不多见。

因为网络具有极强的复杂性与差异性，所以在对网络选择算法进行设计的时候，要综合多种因素进行设计，从而找出最优的接入网络。

2.6.3.3 网络选择算法的评价标准

怎样判断不同的网络选择算法的优劣或如何判定所选择网络是否为当前业务下的最佳选择，是一个十分重要的问题。

当前的研究中，学术界还没有展开对网络选择算法评价标准的专门研究，在这方面的认识也没有形成统一的标准。目前的研究所提出的大多数从节点侧控制的网络选择算法均以应用层需求为中心，保证 QoS 需求的前提下，以最小的代价获取最大的网络资源。而在一些主节点侧的接入网选择方案中，更多的是从网络整体的角度出发，在满足应用层要求的同时，达到网络的负载均衡，提高网络资源利用率。因此，应选取应用业务支撑度和网络负载均衡作为网络选择算法的评价标准。

1. 应用业务支撑度

网络选择算法最终的目的是更好地服务应用层，因此应用业务支撑度是算法优劣判断的重要标准之一。

2. 网络负载均衡与网络资源利用率

网络选择算法以应用层业务为中心，则势必会导致较优的网络里存在着大量的用户，最终导致网络拥塞，不利于业务实现。在此情况下，有些主节点侧的网络选择算法便选择从主节点侧角度出发，从而更好地实现网络资源之间的均衡与合理分配。然而，各个主节点侧无法很好地实现对多模终端的性能以及网络环境等信息进行获取，因此各模式网络无法为应用层业务提供更为科学的网络接入选择，这直接会导致损害到用户的切实利益。

本书将网络的负载均衡（即网络资源的利用率）列入网络选择方案优劣的评价标准之中，希望可以在保证业务功能的前提下，兼顾网络间的负载均衡，充分利用网络资源。

2.6.4 基于 PCA 的网络选择方法

2.6.4.1 概述

多属性决策方法在异构网络选择中表现出良好的性能，而 AHP（多方案决策方法）经常被用于确定主观权重。但是，AHP 需要构建恰当的判决矩阵且不能针对其他应用场景。因此，本书通过引入 PCA（算法）给出一种新的网络选择算法。根据不同场景需要的关键属性，PCA 模型中负载向量可以划分为多个块来适应不同的场景，然后这些负载向量即可以构造主观权重。进一步，引入

CRITIC 权重计算法计算客观权重，结合上述的主观权重构造融合权重，能够综合考虑用户需要及网络客观属性。

2.6.4.2　算法介绍

1. 方法优势

（1）PCA 被首次用于主观权重的计算，无须构建判决矩阵且能够适用于多个应用场景。

（2）构造融合权重，可以综合考虑主观需求和网络客观属性。

2. 方法简介

PCA 能够通过正交变换用于线性降维，可用于主观权值的计算。给定含 n 个网络 m 中属性的异构网络系统 $A=[a_{ij}]_{n\times m}$，PCA 过程即求解下列特征值问题：

$$\frac{1}{n-1}A^{T}Ap_{i}=\lambda_{i}p_{i} \tag{2.6-2}$$

则可获得 m（或 n）个正交负载向量 $p=[p_1, p_2, \cdots, p_m]\in R^{m\times n}$。一般来说，每个负载向量中的元素代表了不同属性的权值大小，而不同的负载向量中拥有高权值的属性是不同的，即每个负载向量都有其对应的特定高权值属性。因此，不同的负载向量可用于描述不同场景的主观权重。在使用过程中，负载向量中元素的平方表示属性的主观权重，因为 $\|p_j\|$ 恰好满足归一化要求。

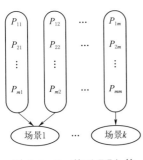

图 2.6-5　基于 PCA 的主观权重

如图 2.6-5 所示，基于 PCA 的主观权重说明了基于 PCA 的主观权重划分过程，具体的步骤如下：

（1）建立 PCA 模型获得负载向量 $p=[p_1, p_2, \cdots, p_m]$。

（2）选择特定场景的负载向量，即

$$S_k\_I(p_j)=\arg\max_{1\leqslant j\leqslant m}\left\{\frac{\sum_{l\in ak}|p_{lj}|}{\sum_{i=1}^{m}|p_{ij}|}\right\} \tag{2.6-3}$$

式中　$S_k\_I(\bullet)$——对应于场景 $S_k(1\leqslant k\leqslant K)$ 的负载向量标号；

　　　　a_k——场景 S_k 的关键属性标号；

　　　　p_{ij}——p_j 中的元素。

（3）计算剩余向量与步骤（2）中选择的向量间的广义 Dice 系数，公式如下：

$$GDC\ (p_i,\ p_j)\ =\frac{2p_i^T p_j}{\parallel p_i\parallel^2+\parallel p_j\parallel^2} \tag{2.6-4}$$

若 $GDC\ (\cdot,\ \cdot)\ >\varepsilon$（$\varepsilon$ 为一小于 1 的数值），则聚为一类。

因此，在场景 S_k 下第 i 个属性的主观权重计算公式为

$$w_{i,\ k}=\frac{1}{n_k}\sum_{q\in\beta_k}p_{iq}^2 \tag{2.6-5}$$

式中　β_k——对于场景 S_k 的向量标号；

　　　n_k——向量个数。

（4）基于 CRITIC 计算客观权重。

1）第 j 个属性的标准差为

$$\delta_j=\sqrt{\frac{1}{n}\sum_{i=1}^{n}(a_{ij}-\bar a_j)^2} \tag{2.6-6}$$

其中　$\bar a_j$——第 j 个属性的均值。

2）第 j 个属性的信息值为

$$I_j=\delta_j\sum_{i=1}^{m}(1-r_{ij}) \tag{2.6-7}$$

其中　r_{ij}——第 i 个属性和第 j 个属性的相关系数。

3）第 j 个属性客观权重为

$$\widetilde{w}_j=\frac{I_j}{\sum\limits_{p=1}^{m}I_p} \tag{2.6-8}$$

因此可获得客观权重 $\widetilde{w}=\ [\widetilde{w}_1,\ \widetilde{w}_2,\ \cdots,\ \widetilde{w}_m]^T$。

（5）最后确定融合权重，定义为

$$\hat{w}_k=\frac{\mathrm{diag}\ (w_k)\ \widetilde{w}}{w_k^T\widetilde{w}} \tag{2.6-9}$$

其中 $w_k=\ [w_{1,k},\ w_{2,k},\ \cdots,\ w_{m,k}]$ 表示场景 S_k 的主观权重，$\mathrm{diag}\ (\cdot)$ 表示对角阵。则根据简单加权法可构造决策函数，根据式（2.6-9）选择最优的网络：

$$opt_k\ (N_i)\ =\arg\max_{1\leqslant i\leqslant n}\ \{N_i^T\hat{w}_k\} \tag{2.6-10}$$

式中　$opt_k\ (N_i)$——在场景 S_k 下的最优网络 $N_i=\ [\alpha_{i1},\ \alpha_{i2},\ \cdots,\ \alpha_{im}]^T$。

2.6.4.3　仿真及结论

设定三个应用场景：会话型、交互型和流媒体型，异构网络包括 6 个网络，每

个网络有6个属性，异构网络参数见表2.6-2，三种场景的关键属性见表2.6-3。

表2.6-2　　　　　　　　　　　　异构网络参数

网络序号	网络描述	B/MHz	R/（Mbit/s）	D/ms	J/ms	L/10^{-6}	C/bit
Net1	窄带载波	0.5	0.2	200	100	18	0.6
Net2	窄带载波	0.5	0.3	200	60	20	0.8
Net3	宽带载波	5	1	100	200	30	0.1
Net4	宽带载波	5	1	100	250	35	0.05
Net5	微功率无线	480	0.01	800	200	50	0.5
Net6	微功率无线	480	0.01	800	250	40	0.4

表2.6-3　　　　　　　　　　　　三种场景的关键属性

场　景	会　话　型	交　互　型	流　媒　体　型
关键属性	D，J	L	B，R

一般来说，会话型服务要求低延迟低抖动；流媒体型服务允许一定的延迟但要求较高的带宽；交互型服务对误码率要求严格，相对低的延迟，因此丢包率显得尤其重要。根据如图2.6-6所示的三个场景下不同属性权重值，基于PCA的方法比传统的基于AHP方法显示出更明显的属性重要性差异，与分析一致。图2.6-6中横坐标 B、R、D、J、L、C 代表关键属性，纵坐标为融合权重。如图2.6-6～图2.6-9所示，最终的选择结果为：网络2适合会话型，网络4适合交互型，网络5适合流媒体型，其中基于PCA的决策函数值更明显。

2.6.5　基于DFT的趋势检测和差分预判算法的垂直切换算法

2.6.5.1　概述

垂直切换过程包括系统发现、切换判决和切换执行。其中，切换判决是最关键的一步，如何能够更加有效地进行异构网络的切换与融合，同时还能够有效地减少乒乓效应是垂直切换算法的主要研究内容。本书主要讨论基于差分预判和基于DFT（离散傅里叶变换）的趋势检测的垂直切换算法。采用了基于傅里叶变换的信号趋势检测来检测MPWNet信号的不可用性和衰减。然后，提出差分预测算法，此算法能准确地预测下一时刻的RSS（接收信号强度），从而决定是否接入目标网络中。最后，应用MATLAB软件对该算法进行模拟分析。仿真结果表明，该算法能够显著降低乒乓效应的影响。

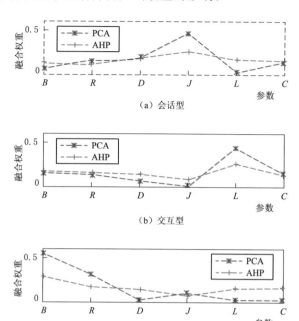

（a）会话型

（b）交互型

（c）流媒体型

图 2.6-6 三个场景下不同属性权重值

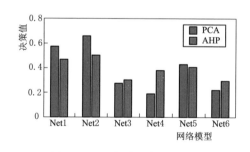

图 2.6-7 会话型决策函数值

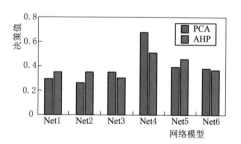

图 2.6-8 交互型决策函数值

2.6.5.2 算法介绍

1. 方法优势

（1）采用 DFT 趋势检测来判断信号的不可用性和衰减。

（2）采用差分预测的方法对下一时刻信号进行预测，加入预决策环节，

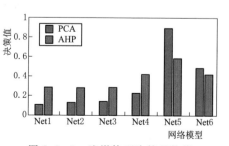

图 2.6-9 流媒体型决策函数值

判断节点是否需要接入目标网络。

2. 方法简介

(1) 基于 DFT 的信号趋势检测。为了检测信号趋势，采用了基于傅里叶变换的信号趋势检测。令 x_k 表示 RSS 信号 $x(k)$ 的过去 N 值 的离散傅里叶变换 (DFT)。X_1 是 x_k 的虚部，即

$$X_1 = \frac{1}{N}\sum_{k=0}^{N-1} x(k) \sin\left(-\frac{2\pi k}{N}\right) X_1 = \frac{1}{N}\sum_{k=0}^{N-1} x(k) \sin\left(-\frac{2\pi k}{N}\right)$$

通过 X_1 的期望值可以检测 $x(k)$ 趋势。$E\left[X_1\right]$ 的正值表示信号上升趋势，而负值表示衰减信号趋势。

(2) 信号预测。应用前向差分预测方法来预测下一次接收到的网络信号强度，然后根据预测的信号强度，可以执行切换决策。信号预测公式如下：

$$RSS(k+1) = 2RSS(k) - RSS(k-1)$$

式中　　　$RSS(k)$——当前的信号强度；

$RSS(k-1)$——前一时刻的信号强度；

$RSS(k+1)$——下一时刻信号的预测值。

根据图 2.6-10 所示的预测信号和实际信号曲线可以发现，简单的差分预测可以有效地预测信号的走势及下一时刻的值，预测误差在允许的范围内。

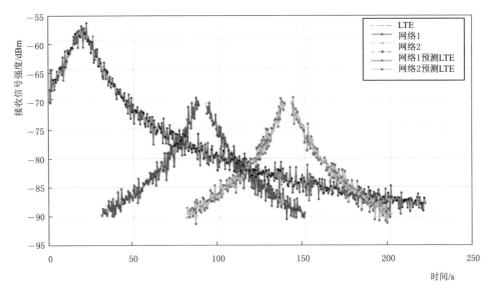

图 2.6-10　预测信号和实际信号曲线

（3）预决策模型。异构网络的预决策过程如图
2.6-11所示。

满足下列条件时，切换系统就执行切换动作。

1）目标网络RSS_t的平均RSS值大于切入阈
值RSS_th。

2）采用DFT趋势检测来判断信号是否具有上升
趋势。

3）采用差分预测的方法对下一时刻的信号强度
进行预测。

4）判断当前网络预测的信号强度是否小于该网
络的切换阈值。

5）判断目标网络预测的信号强度是否大于目标
网络的切换阈值。

2.6.5.3　仿真及结论

假设垂直网络覆盖模型为如图2.6-12所示的异
构网络系统模型，该模型中包含一个PLC网络和两
个微功率无线网络（WPWnet），其中垂直网络模型
的相关参数见表2.6-4。

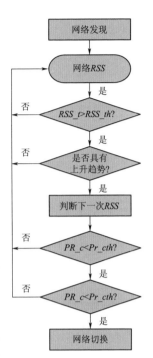

图2.6-11　垂直切换
预决策过程

PLC和WPWnet中心节点的坐标设置为（0，0）、（300，0）、（600，0），
仿真得到网络切换次数曲线如图2.6-13所示。

表 2.6-4　　　　　网 络 性 能 参 数

环境设置	PLC	微功率无线1	微功率无线1
通信带宽/MHz	10	470~510	470~510
最大通信抗衰减/dBv	45	35	35
通信半径/m	1000	300	300
传输频点	（2~12）×10^6	2500	2500

2.6.6　研究结论

发现基于DFT的趋势检测和差分预判算法的垂直切换算法可以有效地减少
垂直切换的次数，可以很好地减少切换系统的乒乓效应，从而提高个网络信道
的资源利用率。

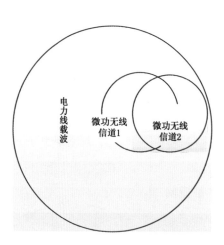

图 2.6 - 12 异构网络系统模型

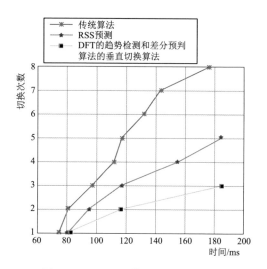

图 2.6 - 13 不同算法切换次数比较

第3章

基于专家系统的户变关系拓扑网络自动完善算法

3.1 户变关系拓扑网络技术研究现状

目前，南方电网已基本完成计量自动化采集系统的建设，系统已大规模投运，覆盖五省两市 50 多万台区 8600 多万用户。但由于缺乏有效的户变关系现场一致性校核手段，存在"户不对线，线不对变"等问题，使得营销系统"自上而下"所建立的户变隶属关系数据准确性不足，从而造成台区及分相线损分析数据误差较大，导致业扩新增负荷安排不合理、负载不均衡，数据采集、远程费控及远程充值成功率降低等问题，影响业务的开展。当户变关系掌握不准确台区发生事故需要抢修时，因负荷隶属关系数据错误，会影响抢修策略的合理性、安全性以及抢修施工的及时性。

由于用户信息变化、表计故障更换、台区升级改造等原因，当前系统户变关系经常发生变化，若使用"台区识别仪"等专用"离线"识别设备，将大大加剧现场维护工作量，且耗时很长。加之现有低压电力线载波、微功率无线等本地通信方式在"共零"和"空间耦合"等情况下，均具备跨台区通信的能力，给户变关系梳理工作的开展带来极大挑战。

近年来，主要采用"在线"与"离线"两种方式来解决用户电能表与台区变压器的隶属关系问题，"在线"与"离线"户变关系识别技术主要差异如下：

(1)"离线户变关系识别"主要采用人工识别的方法，需要安排运维人员赴现场开展识别工作，主要采用人工现场清理和台区识别仪现场处理两种方式。这两种方式识别率高，误识率低，识别结果能快速获取，但操作便利性不足，导致批量应用整体效率较低，而且台区识别仪会对电网造成冲击，对电网设备运行和运维人员安全都有一定影响。

(2)"在线户变关系识别"无须安排运维人员赴现场开展识别工作，主要利用现有计量自动化采集系统的系统条件，采用电网大量相关数据的数据分析方法。这种方法识别率高，误识率低，虽然单户识别结果获取较慢，但批量应用整体效率更高，且大部分分析技术对电网设备运行和运维人员安全毫无影响。

因此，"在线户变关系识别"已成为提高计量自动化采集系统合理性、可靠性、灵活性和经济性的关键技术之一，并随着通信技术和大数据分析技术的飞速发展，原"离线"识别方法造成的大量人力、物力和时间消耗的问题也正在被逐步解决。

3.2　在线户变关系识别方法

在线户变关系识别方法的基本思路如下：

（1）相同台区的特征相似性分析。通过某种台区内所有计量点共有的特征进行比对分析，特征相近的节点认为隶属在相同的台区，设定相似度阈值可以回答"是不是本台区？"的问题。

（2）不同台区的特征差异性分析。通过不同台区间的特征比对，对比分析某个节点和邻域所有台区特征相似度，寻找最佳匹配的组合作为正确的台区隶属关系，可以回答"是哪个台区？"的问题。

常用的在线户变关系识别方法有四种：工频过零序列法、停电时间记录法、工频电压曲线法和特征增强法。

3.2.1　工频过零序列法

工频过零序列法示意图如图 3.2-1 所示。一个台区的某一相电上，由于负荷的接入和切出，尤其是感性、容性负载的接入和切出，会造成交流电的相位出现某些特征变化，如电压过零点偏移、相位畸变等，在同一台区同一相线上的不同位置，相位特征的变化规律具有相似性；不同台区的同一相线上，相位特征的变化规律则具有差异性。

基于工频过零时刻序列相关性识别方法就是利用本地通信技术结合交流电过零相位偏移量统计分析方法，实现户变关系的识别。由于台区负荷发生突变时的过零序列区分度高，识别率更好，因此识别频度一般为 30min～2d。

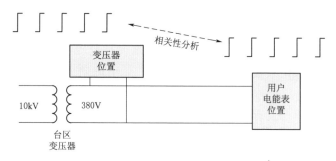

图 3.2-1　工频过零序列法示意图

3.2.1.1　基本原理

基于工频过零时刻序列相关性识别方法的基本原理是通过分析待区分目标

用户电能表（从节点）与变压器位置集中器（主节点）市电周期波动的一致性。对电能表进行物理台区归属分析，关键要素包括以下 3 点：

（1）同台区市电周期波动普遍具有较强的相关性。

（2）非同台区市电周期波动普遍相关性较小。

（3）分析样本的时段覆盖率提高能提升分析结果的准确度。

相关性的分析是由主/从节点分别采集一段长度为 n 的工频过零时刻同步序列，记为数列 X，$Y \in R^n$，在节点处汇总数据计算二者的 Pearson 相关系数，公式如下：

$$c = \frac{COV\ (X,\ Y)}{\sqrt{VAR\ [X]\ VAR\ [Y]}}$$

式中　$COV(X,Y)$——X 与 Y 的协方差；

　　　　$VAR\ [X]$——X 的方差；

　　　　$VAR\ [Y]$——Y 的方差。

c 的绝对值越大，表明变量 X 与变量 Y 的相关性越高；c 的绝对值越小，表明变量 X 与变量 Y 的相关性越低。评价皮尔逊相关系数的标准见表 3.2-1。

表 3.2-1　　　　　　　　　　　　评价皮尔逊相关系数的标准

c 的范围	相关程度	c 的范围	相关程度
$0 \leqslant c \leqslant 0.2$	极弱相关或无关	$0.6 < c \leqslant 0.8$	强相关
$0.2 < c \leqslant 0.4$	弱相关	$0.8 < c \leqslant 1.0$	极强相关
$0.4 < c \leqslant 0.6$	中等程度相关		

3.2.1.2　应用中存在的问题

基于工频过零时刻序列相关性识别方法在以下台区则没有较好的识别结果：

（1）相邻台区用电负荷均很小场景：台区间特征差异性小，分辨能力不足。

（2）台区内零线分布式接地场景：因分布接地阻抗的不同，过零检测信号时序存在偏差，台区内特征相关性差。

（3）台变侧集中器零线虚接场景：集中器侧台区特征与用户侧电能表相关性差。

（4）工频谐波复杂场景：工频谐波含量过大直接影响过零信号的时序，影响台区内特征一致性。

3.2.2　停电记录分析法

停电事件记录法示意图如图 3.2-2 所示。一个台区所有用户的供电均从所属台区变压器引出，若台区变压器发生停电事件，隶属其台区的所有用户电能表同样将处于停电状态，同时产生相应的停电事件记录。在同一台区的用户电能表，停电记录具有相似性；不同台区的用户电能表，停电记录则具有差异性。

基于停电事件记录相关性识别方法就是利用本地通信技术结合电能表停电事件记录统计分析方法，实现户变关系的识别。由于停电记录属于被动触发的条件，因此识别频度一般为 1d。

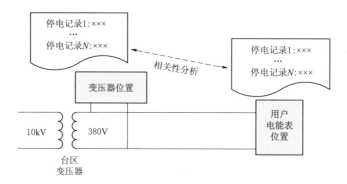

图 3.2 - 2　停电事件记录法示意图

3.2.2.1　基本原理

基于停电事件记录一致性识别方法的基本原理是通过分析待区分目标用户电能表（从节点）与变压器位置集中器（主节点）停电事件时间的一致性。对电能表进行物理台区归属分析，关键要素包括以下内容：

（1）同台区市电停电事件时间具有一致性。

（2）非同台区市电停电事件时间不具有一致性。

（3）分析样本的时段覆盖率提高能提升分析结果的准确度。

相关性的分析是由主/从节点分别采集停电记录的时间数据，获取 n 的停电时间序列，记为数列 X，$Y \in R^n$，在节点处汇总数据计算二者的 Euler 距离，公式如下：

$$D(X, Y) = \sum_0^n (Y - X)^2$$

D 的值越小，表明变量 X 与变量 Y 的一致性越高；D 的值越小，表明变量 X 与变量 Y 的一致性越低。

3.2.2.2　应用中存在的问题

基于停电事件记录一致性识别方法在以下台区则没有较好的识别结果：

（1）无停电发生场景：台区一直处于稳定运行状态，无人工干预无法实现识别判断。

（2）频繁发生停电场景：不同台区同样处于不稳定运行状态，影响台区内特征一致性。

（3）部分用户停电场景：同台区集中器侧停电记录与用户侧电能表停电记录一致性差。

3.2.3 工频电压曲线法

工频电压曲线法示意图如图3.2-3所示。一个台区的某一相电上，所有负荷的接入和切出均是一个源端不变、负载动态变化的并联电路，基于电路系统的欧姆原理，负载侧电压变化与负载阻抗变化一致。在同一台区同一相线上的不同位置，工频电压特征的变化规律具有相似性；不同台区的同一相线上，工频电压特征的变化规律则具有差异性。

基于工频电压曲线相关性识别方法就是利用本地通信技术结合交流电工频电压波动变化统计分析方法，实现户变关系的识别。由于台区负荷发生变化时的工频电压曲线区分度高，识别率更好，因此识别频度一般为15min。

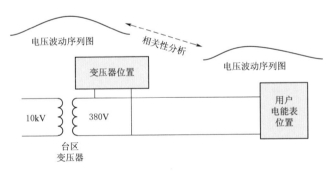

图 3.2-3 工频电压曲线法示意图

3.2.3.1 基本原理

基于工频电压曲线相关性识别方法的基本原理是通过分析待区分目标用户电能表（从节点）与变压器位置集中器（主节点）市电工频电压波动的一致性。对电能表进行物理台区归属分析，关键要素包括以下内容：

（1）同台区市电工频电压波动普遍具有较强的相关性。

（2）非同台区市电工频电压波动普遍相关性较小。

（3）分析样本的时段覆盖率提高能提升分析结果的准确度。

相关性分析的应用与"基于工频过零时刻序列相关性识别方法"一致。

3.2.3.2　应用中存在的问题

基于工频电压曲线相关性识别方法在以下台区则没有较好的识别结果：

（1）相邻台区用电负荷均很小场景：台区间特征差异性小，分辨能力不足。

（2）台区内线路分布很长场景：因线路分布很长，导致线路末端用户位置电压受末端设备影响较大，与源端变压器位置相关性差。

（3）台变侧集中器零线虚接场景：集中器侧台区特征与用户侧电能表相关性差。

3.2.4　特征增强法

特征增强法示意图如图 3.2-4 所示。由于"工频过零序列法"在特征不明显的台区应用效果不佳，"特征增强法"则是在台变侧增加台区特征发生器，一般是工频电压畸变注入设备，它可以影响台区全网的工频过零时序，相当于模拟两个台区的负荷差异，增强了两个台区的特征差异性，辅助提高户变关系识别效率。

基于特征增强工频过零序列相关性识别方法就是利用辅助手段增强工频过零时序的变化，再利用本地通信技术结合交流电过零相位偏移量统计分析方法，实现户变关系的识别。由于识别方法与"工频过零序列法"一致，因此特征增强频度和识别频度一致，一般为 30min。

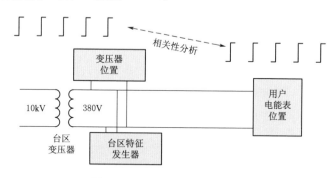

图 3.2-4　特征增强法示意图

3.2.4.1　基本原理

基于特征增强工频过零序列相关性识别方法的基本原理就是在台区变压器出线端，在交流市电电压过零时刻产生并注入电压畸变，从而对交流市电电压过零的位置产生影响，提升本台区和非本台区的特征差异，随后再用"工频过零序列法"进行户变关系识别。

特征增强方案是开发一种基于 IGBT（Insulated Gate Bipolar Transistor，绝缘栅双极型晶体管）的控制设备，在台区变压器出线端，对工频过零波形进行畸变调制。IGBT 设备首先对当前台区工频过零进行识别，然后在工频过零负半周到正半周变化过程中，对工频 L 和 N 进行短时间短路控制，目的是让交流电电压波形上升沿变缓，造成工频过零周期变化。

IGBT 控制工频交流电示意图如图 3.2-5 所示。IGBT 控制让交流电电压波形上升趋势变缓，必然造成交流电电流波形剧烈上升，能量是守恒的。图 3.2-5 可以假设为纯电阻的短路，电压和电流都处于正弦变化过程，当交流市电提供的能量超过纯电阻两端所能承受的最大能量时，此电阻将烧毁。为了避免 IGBT 烧毁，IGBT CE 两端所能承受的最大能量即决定了 IGBT 所能控制的最大时间。

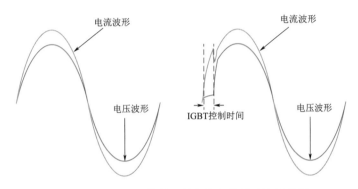

图 3.2-5　IGBT 控制工频交流电前后对比示意图

3.2.4.2　应用中存在的问题

基于特征增强工频过零时刻序列相关性识别方法在以下台区则没有较好的识别结果：

（1）台区供电半径很长场景：增强特征在台区全网覆盖范围有限，若超出此范围识别特征依旧存在相关性差的问题。

（2）台区内装有谐波治理设备场景：因谐波治理设备对低频信号抑制较明显，降低增强特征覆盖台区全网能力，导致集中器侧台区特征与用户侧电能表相关性无变化。

3.2.5　总结

各种识别方法对比分析见表 3.2-2。任何一种独立的在线分析方法都存在某些应用场景的局限性，所以为了彻底解决上述户变关系的现状问题，亟须一套可工程化实施的低压配电网在线户变关系识别方法，提升户变隶属关系数据的准确性，保障后续电力物联网对电网状态实时性、多尺度、高维度的全面感知。

表 3.2-2　　　　　　　　各种识别方法对比分析

方法名称	优点	缺点	适合场景	应用现状	优化思路
工频过零序列法	大多数场景识别率高	迭代次数多，识别周期长	谐波分量少的台区、负荷差异大台区、接电合规性好台区	广泛应用	增加台区间的负荷差异、提高台区内过零时序一致性、减小数据通信量、提高识别效率
停电记录分析法	识别成功率很高	数据通信量大，时标需同步	有停电事件台区	有概念	降低采集数据通信量，提高事件比对同步性
工频电压曲线法	识别成功率高	数据通信量大，时标需同步，迭代次数多，识别周期长	台区内时钟同步性较好	有概念	降低采集数据通信量，提高电压曲线数据同步性
特征增强法	提高工频过零时序相关性识别效率	增加介入设备，影响供电质量，长期在线不安全，长台区效果差	在线识别困难台区	有应用	提高设备在线可靠性，干扰注入和识别活动同步，减少供电可靠性影响程度

3.3　在线户变关系识别技术

3.3.1　概述

　　目前，在线户变关系识别主要是针对单电力特征进行的。但是，用单特征分析来实现在线户变关系的识别存在着应用场景局限性问题，正识率小于 100% 则无法工程化推广实施。因此，本书提出了一种基于"多特征融合法"的在线户变关系识别方案，此方案将单电力特征维度拓展至工频同步序列、工频电压曲线和信噪比（SNR）三个特征维度，将获取到的三个特征数据融合作为基础分析数据进行户变关系的在线识别，并从"确定识别机制""实现相位识别""表箱聚类、GPS定位"和"多特征融合分析"等方面优化了在线户变关系识别流程，保障了户变关系识别的工程化推广实施。

　　本书提出的这种"多特征融合分析"的在线户变关系识别方法，从以下方面验证和保障了户变关系识别的工程化推广实施：

　　（1）确定识别机制。目前计量自动化采集系统采用的通信技术和通信机制多种多样，若没有一套适用于各种通信技术的完备识别机制，则对已完成计量自动化采集系统覆盖的台区，难以有效推进其系统改造。

（2）实现相位识别。已有在线户变关系识别方法是纯识别方法，未考虑很多电力系统中的常见现象和问题，若将这些常见现象和问题进行处理，将显著提升在线户变关系识别方法的识别率。

（3）实现表箱聚类。通过无线表箱聚类、本地 GPS 定位技术，对同一表箱的表计进行聚类，从而对户变识别和拓扑识别结果进行较多，提升户变关系识别和拓扑网络的识别。

（4）多特征融合分析。工频过零序列法和工频电压曲线法是已知识别率最高的两种识别方法，但仍存在误识率，若能对二者进行有效融合，并补充其他合适的识别算法，必将显著提升在线户变关系识别的正识率。

基于多特征融合分析的在线户变关系识别方案示意图如图 3.3-1 所示。

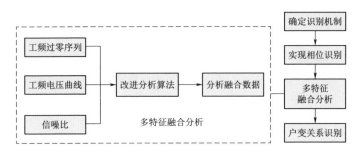

图 3.3-1 基于多特征融合分析的在线户变关系识别方案示意图

3.3.2 识别机制设计

目前常用的在线识别机制包括主站集中式识别、路由集中式识别和表模块分布式识别。

1. 主站集中式识别

如图 3.3-2 所示，将各类数据采集到主站，由主站进行相关性分析的方法称为主站集中式识别方法，此类方法远程/本地通信数据量均很高，程序灵活性强。

2. 路由集中式识别

如图 3.3-3 所示，由路由将各个户表的相关数据采集后，进行相关性分析比对的方法称为路由集中式识别方法，此类方法路由仅上报主站异常台区归属的用户信息，远程通信数据量低，本地通信数据量依旧很高，程序灵活性适中。

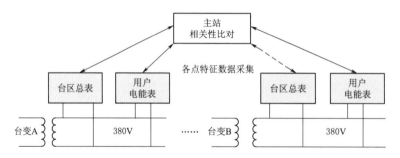

图 3.3 - 2 主站集中式识别通信示意图

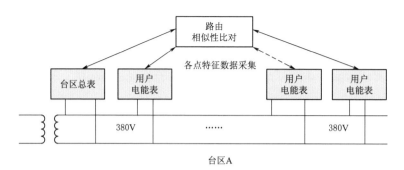

图 3.3 - 3 路由集中式识别通信示意图

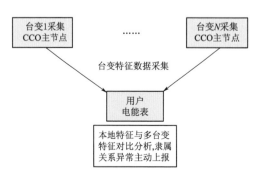

图 3.3 - 4 表模块分布式识别通信示意图

3. 表模块分布式识别

如图 3.3 - 4 所示,表端模块通过侦听不同路由主节点发来的台区特征信息,和本地信息进行相关性分析比对的方法称为表模块分布式识别方法,此类方法路由仅感知和上报主站异常台区归属的用户信息,远程/本地通信数据量均很低,程序灵活性弱。

综合考虑,由于在线识别算法的成熟度完备后,程序无须再进行频繁修改,且为了降低远程/本地通信数据量,工程化应用的最佳识别机制是表模块分布式识别。

3.3.3 相位识别基础

国内低压配电网建设普遍采用三相四线制的输电线路架构,低压用户基本分为单相供电用户和三相供电用户，其中单相供电用户分别归属于 A、B、C 三相其中之一，每一相传输线路的供电和通信处于完全独立又相互影响的状态，所以户变关系的识别首先要确定用户所属相关变压器的相位关系。

本书中的用户相位识别方法是利用三相交流电固有相位偏差的固有属性，实现用户相位关系的实时识别。

3.3.3.1　基本原理

三相交流市电示意图如图 3.3-5 所示。三相四线制的输电线路架构要求是一个三相平衡的电路系统，A、B、C 三相每相一般均为电压有效值 220V 的正弦波电压，频率为 50Hz，且三相之间存在 120°的相位差，即大约 6.66ms 的时间偏差，电压公式如下：

$$U_{L1} = 220\sin(2\pi ft) \tag{3.3-1}$$

$$U_{L2} = 220\sin\left(2\pi ft + \frac{2\pi}{3}\right) \tag{3.3-2}$$

$$U_{L3} = 220\sin\left(2\pi ft - \frac{2\pi}{3}\right) \tag{3.3-3}$$

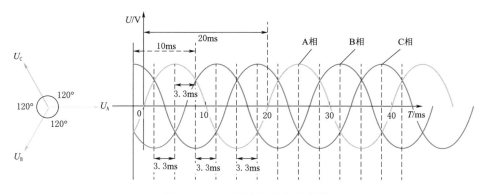

图 3.3-5　三相交流市电示意图

绝对的三相平衡是不存在的，由于每相线路负载的数量、类型和启用时间不可能百分百一致，实际的三相系统总是存在不同程度的不平衡现象。若三相不平衡的现象非常严重时，就会增加系统线路和配电变压器的电能损耗，甚至影响用电设备的安全运行，所以配电网建设会有类似无功补偿设备等平衡装置保障系统的平衡性，即保障了三相之间 120°相位差的固有特性。我国电网频率的国家标准是 50±0.2Hz，同时结合大量现场实测数据，三相之间的时间偏差为 6.66±0.03ms，因此以此固有时间偏差作为相位识别的阈值条件，可准确进行用户相位关系的实时识别。

3.3.3.2　实现步骤

用户相位信息识别的功能是基于本地通信信道实现的，具体步骤如下：

（1）变压器位置的本地通信模块记录变压器位置三相各自供电相位时间基准参考。

（2）用户侧位置的本地通信模块记录用户侧位置单相/三相供电相位时间基准参考。

（3）变压器位置的本地通信模块利用每次数据通信携带变压器位置的时间基本参考信息。

（4）用户侧位置的本地通信模块比对自身供电相位的时间基准与变压器位置三相各自供电相位的时间基准，以偏差值进行阈值比对，详细相位识别结果见表 3.3-1。

表 3.3-1　　　　　　　　　　相 位 识 别 结 果

集中器接线			场景 1		场景 2		场景 3	
端子 1	端子 2	端子 3	单相表端子接线	相位识别	单相表端子接线	相位识别	单相表端子接线	相位识别
L1	L2	L3	L1	A	L2	B	L3	C
L1	L3	L2	L1	A	L2	B	L3	C
L2	L1	L3	L1	C	L2	A	L3	B
L3	L1	L2	L1	B	L2	C	L3	A
L2	L3	L1	L1	C	L2	A	L3	B
L3	L2	L1	L1	B	L2	C	L3	A

过零同步分时传输示意图如图 3.3-6 所示，图中 TS1、TS2、TS3 为信道。以过零同步分时传输的载波通信方式为例，其每一相载波通信的时段均在其本相交流市电电压过零的微分时间段内，即在每一数据通信的过程中携带了当前通信相位变压器位置的时间基本参考信息，便于用户侧位置的本地通信模块快速对比识别出自身的隶属相位信息。

3.3.3.3　应用条件

上述功能在应用中必须具备交流电相位的时间基准获取的应用条件，目前普遍采用的是交流市电过零检测电路的方式。

过零电路原理图如图 3.3-7 所示。交流市电过零检测是指交流市电波形从负半周波向正半周波，或正半周波向负半周波转换过程中，对其经过零电位时刻的检测。交流市电过零检测电路有由整流桥芯片将输入的正弦波电压信号转变成脉冲信号，再通过光耦隔离干扰信号，最后控制三极管导通或截止，从而产生过零检测信号供单片机进行处理，或者直接使用二极管正半周波导通的特性产生过零检测信号。前者成本较大，后者电路的可靠性和稳定性较差，并且二者检测得到的过零检测信号都无法达到快速且准确的效果。

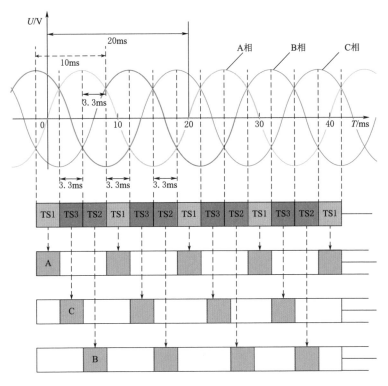

图 3.3-6 过零同步分时传输示意图

近年来，由于电力线载波通信技术的大量普及，已研发出一种结合低压电力线载波通信信号耦合的交流市电隔离过零检测电路，该电路结合低压电力线载波信号耦合电路，利用元器件特性实现了过零点检测功能。当工频交流电工作在正半周期过零时刻时，AC220V-L电压高于AC220V-N，此时二极管VD1上的电压达到达林顿管 VT1 的基极开启电压时（约 1.82V），VT1 导通，光耦输出过零信号，此过零信号的波形足够陡峭，过零信号与交流市电电压过零点偏差小于 4%（实测下降沿约 $12.5\mu s$）。

3.3.3.4 现场实例

某现场台区线路基本为架空线走线，只有配电房出线到第一杆有地缆，此台区覆盖范围较大，最远处需经过 21 个杆，用户电能表总数量共 294 只，其中单相载波表 259 只，三相四线载波表 29 只，RS485 采集器 6 只。

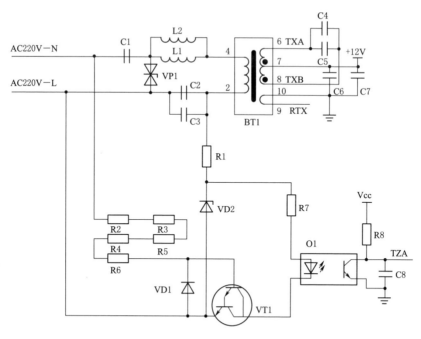

图 3.3 - 7　过零电路原理图

用户侧位置的本地通信模块利用识别机制实现相位信息识别后，反馈至变压器位置的集中器（集中抄表设备），识别结果如下。

（1）单相电能表：A 相 93 只，B 相 76 只，C 相 90 只。

（2）三相电能表：29 只。

（3）电能表采集器：A 相 3 只，B 相 2 只，C 相 1 只。

3.3.4　户表-表箱关系识别基础

3.3.4.1　整体方案

在户电能表的表计中加装宽带载波双模物联网通信模块，依靠宽带载波双模物联网模块实现表箱自动聚类，确定"户表-表箱"的对应关系；其原理为双模物联网管理模块能够探测模块间的距离，通过调节微功率无线的发射功率，使其通信距离仅能覆盖本表箱内其他电能表实现聚类分析，识别出表计和表箱的所属关系。同时，宽带载波双模物联网模块具备过零点监测功能，可以区分自身所在供电相别。作为台区拓扑表箱级的下级划分，可将表箱内所有单相表按供电相别区分开来。

3.3.4.2 表箱聚类

表箱聚类模拟图如图3.3-8所示。表箱聚类的目的是实现表箱表计的自动识别，即能自动识别出哪些表计是属于一个表箱的。为了达到这一目标，采用短距离通信的技术来实现，即通过控制无线通信的距离来识别哪些表计距离比较近，通过空间距离来对表计进行表箱归属。

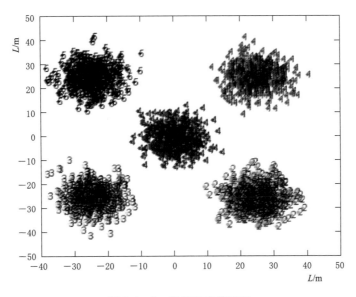

图 3.3-8　表箱聚类模拟图

影响无线通信距离的主要有两大要素，即发射功率和通信速率。发射功率越小，通信速率越高，则通信距离越近。通过程序来控制这两个要素即可控制通信距离，但是在实际环境下，噪声和天线方位也会对通信性能造成一定的影响，因此统一不变的发射功率和通信速率并不能满足所有台区的需求，会导致聚类结果存在两种典型的错误：一种是明明表计挨得很近，却并没有聚集在一起；另一种是表计间稍微有点距离，却聚在一起了。因此在实际环境中，距离并不是通信成功的唯一因素。

不能保证一个表箱内所有的表计实现网状通信，即任何两个表计之间都可以可靠通信。如果要实现网状通信的话，那就必须使得发送功率达到较高的层次，这样又不满足通信距离近的需求。退而求其次，要满足星状网络通信，即只要有一个表计能够与其他所有节点实现可靠通信，那么就可以将该表箱内所有表计正确归属。但是如何保证有一个表计与其他所有表计都能可靠通信，以及如何选择出这样的一个节点存在重重困难，最终的发射功率肯定不低。

　　为了尽量保证结果的正确性，采用不断广播聚类的方式，将自己能够听得到的表计都记录下来，然后通过广播的方式告诉周边的表计，周边的表计将这些表计聚合到自身的表计列表中再广播出去，这样周而复始地多次传播以后，即可实现信息同步和信息共享，即大家都知道周围有哪些表计。满足这样一个需求，理论上是只要所有表计只要能接收一个表计报文和被一个表计接收到报文即可。

　　在通信层面，采用 CSMA/CA 的方式尽量提高无线通信的可靠性。一个表箱内节点的数目在 20 个以内，结合当前的通信速率，可算出信道容量，还需保留一定的通信余量。广播周期设定在 10s，即 10s 中广播一次自身的表计列表。在模块端完成聚类以后，我们尽量选择较少的报文量，同时兼顾一定的较高可靠性的要求下，采用最大表号和最小表号双节点上报聚类信息的方式。这样路由将模块上报的聚类信息存储在本地，集中器（集中抄表设备）就可以随时来读取该信息了。

　　由于表计在表箱内的位置是固定不变的，所以可从噪声角度入手。噪声具有随机性，随着时间存在一定的变化，因此拉长聚类信息发送的时长，在较长的时间段内进行通信，提升通信鲁棒性，从而提高结果的正确性。基于此，采取动态控制聚类开始关闭的方式，实现动态多次聚类来提高聚类的正确性。半小时开启、一个半小时关闭的方案，也就是两个小时进行一次聚类，然后根据配置聚类次数实现聚类时长的动态配置，以满足不同台区的需求。

3.3.4.3　分支线路与表箱关系拓扑

　　分支和表箱拓扑关系示意图如图 3.3-9 所示。根据表箱聚类结果生成的电表组群即是表箱，每个表箱产生的电量、功率或电流数据与分支监控单元采集的低压分支电量、功率或电流数据做大数据比对，通过概率解析法运算即可得出分支线路与表箱间的拓扑关系。

3.3.4.4　后续优化

　　为了实现聚类的可靠性，在聚类期间，发送到的一个报文被接收方接收到，该节点就被拉进表箱聚类，并没有做更深层次的评估，即对通信质量或者是通信

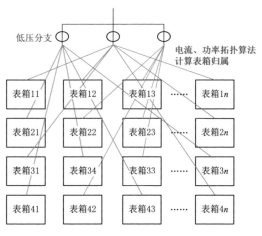

图 3.3-9　分支和表箱拓扑关系示意图

成功次数进行评估。简单粗暴的方式带来的问题就是假设有一个表计属于另一个表箱，但是距离你的距离又不是远，存在聚类期间很容易被错误归属的问题。

目前解决上述问题有两种方案。第一种正如前面提到的，听到一次就被纳入，再加上评估机制，接收该节点的次数加一个阈值，超过该阈值以后才能被纳入。甚至于引入第二个因素 SSI，即接收信号的信号强度。不过引入上述两个因素以后，该评估机制如何制定才合理就是个相当复杂的问题了。另一种方案就是基于表箱标签，用于设置、存储和发布表箱信息。

3.3.5 研究 GPS 定位技术在户变识别中的应用

3.3.5.1 概述

目前，使用单特征分析如过零偏差、信噪比等来实现在线户变关系的识别，存在着应用场景局限性问题，正识率小于 100%，无法工程化推广实施的问题。

本书基于电力线载波和 GPS 定位的户变识别方法及系统，采用 GPS 定位模块进行实时定位，并将 RS485 接口端的电能表或 MCU 的地址与相应的定位信息进行绑定，通过计算相同 GPS 位置的电能表或 MCU 载波模块的过零时序与变压器处偏差的极大似然估计值，实现户变关系的识别。对于少量无法识别的场景，其过零点时序偏差一致性由于太类似导致无法识别，采用基于 GPS 定位提供经度、纬度、高度信息，通过用户电表的位置聚合，实现户变识别结果的校对，从而进一步提升户变识别结果的准确性。

（1）通过 GPS 模块实时更新定位信息，例如经度、纬度、高度信息，发送至 MCU 进行存储。

（2）MCU 判断 RS485 接口端是否存在电能表，若存在，则将所述电能表地址与所定位信息进行绑定，获得电能表关系表；否则，将 MCU（Microcontroller Unit，微控制单元）本地地址与所述定位信息进行绑定，获得所述本地地址关系表。

（3）采用基于电力线宽带载波技术进行户变识别，将所述电能表关系表或本地地址关系表上传至主模块。

（4）通过主模块对同一所述定位信息所绑定的电能表或 MCU 的过零时序偏差进行似然估计。

（5）根据所述定位信息对户变识别结果进行校对，获得校对结果。

由于不同台区识别的初期计算结果差异非常明显，可以直接得出准确的识别结果。但是，因为台区的过零偏移在短时间内存在较多的随机干扰，所以可能存在台区偏移值不稳定的情况，但是随着时间堆积，偏移值则逐渐趋于平稳，也就是通过累积数据的计算，可以增加户变识别的准确率和稳定性，使该技术具备较强的鲁棒性。

3.3.5.2　方法设计

基于 GPS 的模块识别的流程如图 3.3 - 10 所示。

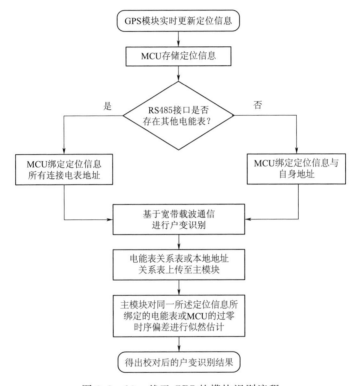

图 3.3 - 10　基于 GPS 的模块识别流程

3.3.5.3　硬件设计

GPS 识别设备框图如图 3.3 - 11 所示。电力线宽带载波处理电路包括主模块和从模块，用于进行宽带载波信号的发送和接收。过零点检测电路用于获取与同一所述定位信息绑定的所述电能表或所述 MCU 模块的电压过零点偏移信息。

GPS 电路如图 3.3 - 12 所示。GPS 模块采用通用模块，通过 GPS _ RXD、GPS _ TXD、STANDBY、GPS _ RST 与采集设备的主 MCU 连接，MCU 可以通过 GPS _ RXD、GPS _ TXD 读取定位的经度、维度及高度信息，并可以通过

GPS＿RST 复位 GPS 模块，通过 STANDBY 使能设置 GPS 参数。GPS 模块连接外置天线，天线通过所述感知器外壳的开孔引出壳体。

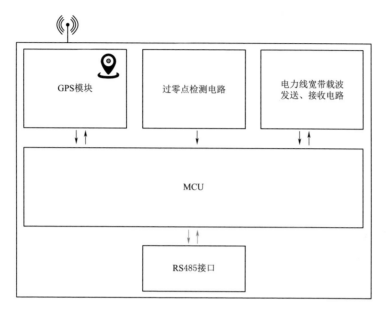

图 3.3－11　GPS 识别设备框图

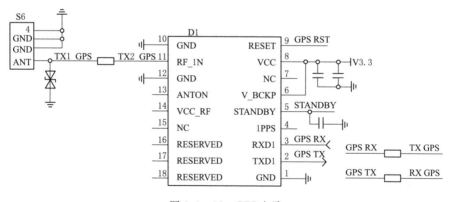

图 3.3－12　GPS 电路

GPS 识别设备外壳如图 3.3－13 所示。在标准Ⅱ型采集器机构的基础上，增加 6.5mm 孔径的 GPS 天线开孔，以便于外接 GPS 天线，使 GPS 信号稳定；天线开口内侧设计 6 脚螺栓固定槽，方便组装、固定 GPS 天线。

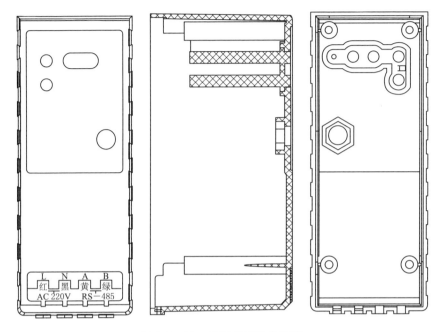

图 3.3 - 13 GPS 识别设备外壳

3.3.5.4 基于 GPS 定位的户变识别协议扩展

GPS 定位设备主要在表端进行表信息的聚类和定位，主要接口连接电表 RS485 接口，对应的协议扩展为本地载波读取 GPS 信息。

扩展数据标识为 DDDDDD01，支持 GPS 信息读取。

1. 命令帧

（1）控制码：11H。

（2）地址域：表地址。

（3）长度域：$L=4$。

（4）数据标识：DDDDDD01。

（5）数据域内容：DATA＝无。

2. 响应帧

（1）控制码：91H

（2）地址域：表地址

（3）长度域：$L=4+$DATA_LEN

（4）数据标识：DDDDDD01

（5）数据域内容：DATA 定义见表 3.3 - 2。

表 3.3 - 2 　　　　　　　　　　　　DATA 定 义

数据标识	数据格式	字节数	数据标识	数据格式	字节数
纬度半球	ASCII	1	纬度信息	ASCII	8
经度半球	ASCII	1	经度信息	ASCII	9
海拔信息	ASCII	6			

（6）纬度半球：ASCII 码，N——北纬，S——南纬，其他值无效。

（7）纬度信息：纬度 ddmm.mmmm，度分格式（前导位数不足则补 0），表示 dd 度 mm.mmmm 分，格式见表 3.3 - 3。

表 3.3 - 3 　　　　　　　　　　　　纬 度 格 式

数据标识内容		数据格式	字节数
度	整数	ASCII	2
分	整数	ASCII	2
	小数 1、2 位	ASCII	2
	小数 3、4 位	ASCII	2

（8）经度半球：ASCII 码，E——东经，W——西经，其他值无效。

（9）经度信息：经度 dddmm.mmmm，度分格式（前导位数不足则补 0），表示 ddd 度 mm.mmmm 分，格式见表 3.3 - 4。

表 3.3 - 4 　　　　　　　　　　　　经 度 格 式

数据标识内容		数据格式	字节数
度	整数	ASCII	3
分	整数	ASCII	2
	小数 1、2 位	ASCII	2
	小数 3、4 位	ASCII	2

（10）海拔信息：海拔范围为 -9999.9～99999.9m，海拔格式见表 3.3 - 5。

表 3.3 - 5 　　　　　　　　　　　　海 拔 格 式

数据标识内容		数据格式	字节数
海拔	整数	ASCII	5
	小数	ASCII	1

3.3.6　多特征融合分析

多特征融合分析是基于工频同步序列、工频电压曲线和信噪比（SNR）、GPS 信息等属性特征进行数据分析，实现户变关系识别的方法。与传统单特征分析方法的差别包括改进工频过零聚类算法、补充信噪比特征、改进数据分析算法和识别阈值设定四部分。

3.3.6.1　改进工频过零聚类算法

针对工频过零聚类，本书提出了一种改进的核模糊 C 均值聚类算法，采用量子粒子群算法优化核模糊 C 均值聚类算法的聚类中心与核参数，以对工频过零序列进行准确快速的分类。

1. 核模糊 C 均值聚类算法

核模糊 C 均值聚类算法（KFCM）通过将原始问题映射到高维空间，基于模糊理论和距离目标函数实现聚类分析。该方法能实现将含有 N 个样本点的相量 x_j（$j=1$，$\cdots$，N）划分到 M 个类别中。对于一个一般的分类问题，假设第 i 个聚类的中心为 v_i（$i=1$，2，$\cdots$，M），第 j 个样本属于第 i 类的隶属度为 μ_{ij}（$i=1$，2，$\cdots$，M；$j=1$，2，$\cdots$，N），则可得到聚类目标函数为

$$J = \sum_{i=1}^{M} \sum_{j=1}^{N} (\mu_{ij})^m \| \varphi(x_j) - \varphi(v_i) \|^2 \qquad (3.3-4)$$

给定的数据需要映射到高维空间进行处理，这里选取高斯函数作为核函数，可得

$$J = \sum_{i=1}^{M} \sum_{j=1}^{N} (\mu_{ij})^m \big[k(x_j, x_j) - 2K(x_j, v_i) + K(v_i, v_i) \big]$$
$$= 2 \sum_{i=1}^{M} \sum_{j=1}^{N} (\mu_{ij})^m \big[1 - K(x_j, v_i) \big] \qquad (3.3-5)$$

其中
$$K(x_j, v_i) = \mathrm{e}^{\frac{\| x_j - v_i \|^2}{2\sigma_i^2}} \,。$$

隶属度 μ_{ij} 为

$$\mu_{ij} = \frac{1 - K(x_j - v_i)^{-1/m-1}}{\sum\limits_{i=1}^{M} \big[1 - K(x_j, v_i) \big]^{-1/m-1}} \qquad (3.3-6)$$

其中，隶属度满足约束条件 $\sum\limits_{i=1}^{M} \mu_{ij} = 1$，$\mu_{ij} \in [0, 1]$。

聚类中心 v_i 为

$$v_i = \Big[\sum_{j=1}^{N} \mu_{ij}^m K(x_j, v_i) x_j \Big] \Big/ \Big[\sum_{j=1}^{N} \mu_{ij}^m K(x_j, v_i) \Big] \qquad (3.3-7)$$

聚类过程如下：

（1）参数设置。设置模糊度 m、目标函数误差阈值 ε、最大迭代次数 $I_{\max}$。

（2）初始化。在可行域内随机选取 M 个数据点作为初始聚类中心。

（3）对于第 t 次迭代，计算目标函数 $J(t)$，判断 $|J(t)-J(t-1)|<\varepsilon$ 是否成立。若成立，则停止聚类；否则，根据式（3.3-6）和公式（3.3-7）更新隶属度矩阵和聚类中心，继续进行聚类，直至找到最优的聚类中心。

（4）去模糊化，得到最终聚类结果。

KFCM 对聚类中心和核参数的设置十分敏感，而标准 KFCM 的初始聚类中心随机确定，核心参数根据经验设定，这严重影响了聚类的精度和效率，为此本书引入量子粒子群优化，对聚类中心和核参数进行寻优。

2. 改进的量子粒子群优化算法

量子粒子群优化（Quantum particle swarm optimization，QPSO）是由 Sun 等学者在粒子群优化和量子力学的基础上提出的一种新型智能优化算法。粒子群优化根据粒子的飞行速度进行位置的更新，而 QPSO 以 δ 势阱理论为依据，通过求解薛定谔方程获得粒子在某点处现的概率密度函数，再进行蒙特卡洛反变换得到粒子的位置。相比于传统算法，QPSO 能在整个可行域中进行最优解搜索，收敛速度快，鲁棒性好。

在 QPSO 中，假设粒子 k（$k=1$，2，…，W，W 表示粒子数目）在第 t 代的位置向量为 $X_{k,t}=\{x_{k,t}^1, x_{k,t}^2, \cdots, x_{k,t}^n\}$，其中 N 为目标问题的维数，$P_{\text{best}_{k,t}}$ 表示粒子 k 的历史最优位置，G_{best_t} 为种群的最优位置。粒子在演化过程中，会以自身历史最优位置和种群最优位置的加权平均位置 $P_{k,t}$ 为吸引点，并趋向于该点。具体的加权平均位置（即吸引子）为

$$P_{k,t}=\alpha P_{\text{best}_{k,t}}+(1-\alpha) G_{\text{best}_t} \tag{3.3-8}$$

其中，α 为加权因子，服从均匀分布，即 $\alpha \sim U(0, 1)$。

所有粒子历史最优位置的均值（平均最优位置）为

$$m_{\text{best}_t}=\frac{1}{W}\sum_{k=1}^{W} P_{\text{best}_{k,t}} \tag{3.3-9}$$

为了更新粒子的位置，需要将粒子由量子态塌缩到经典态，采用蒙特卡洛随机模拟可得到下一代的粒子位置为

$$X_{k,t+1}=P_{k,t}+\beta|m_{\text{best}_t}-X_{k,t}|\ln(u) \tag{3.3-10}$$

其中，$\beta=\begin{cases} 0.5+0.5\dfrac{\tilde{I}_{\max}-t}{\tilde{I}_{\max}} & (u>0.5) \\[4mm] 0.5-0.5\dfrac{\tilde{I}_{\max}-t}{\tilde{I}_{\max}} & (u\leqslant0.5) \end{cases}$，表示收缩-扩张系数，$\tilde{I}_{\max}$ 为最大迭代

次数，u 为随机数，$u \sim U(0, 1)$。

由薛定谔方程可知，体系状态不能用具体的值确定，需要用波函数来描述，粒子 k 在第 j 维上以点 $P_{k,t}$ 为中心的 δ 势阱中运动，其波函数 Ψ 可描述为

$$\Psi(X_{k,t+1}^{j}) = \frac{1}{\sqrt{L_{k,t}^{j}}} \exp\left(-\frac{|X_{k,t+1}^{j} - P_{k,t}^{j}|}{L_{k,t}^{j}}\right) \qquad (3.3-11)$$

其中，$L_{k,t}^{j}$ 表示第 j 维 δ 势阱的特征长度，且满足

$$L_{k,t}^{j} = 2\beta |m_{\text{best}_{i}^{j}} - X_{k,t}^{j}| \qquad (3.3-12)$$

粒子 k 在第 j 维的概率密度函数为

$$Q(X_{k,t+1}^{j}) = \frac{1}{L_{k,t}^{j}} \exp\left(-\frac{2|X_{k,t+1}^{j} - P_{k,t}^{j}|}{L_{k,t}^{j}}\right) \qquad (3.3-13)$$

通过式（3.3-8）～式（3.3-10）迭代求解，即可得到最优值。上述 QPSO 在迭代后期粒子吸引点可能分布的空间减少，种群多样性不足，难以跳出局部极值，从而陷入"早熟"问题。为了解决此问题，本书引入一系列改进策略，提出一种改进量子粒子群优化算法（IQPSO）。

（1）吸引子多元更新策略。QPSO 算法通过式（3.3-8）中的吸引子从个体历史最优位置和种群最优位置中获取保留优良位置，从而逐渐向全局最优位置逼近。然而，这会导致随着迭代进行，种群的多样性下降过快，降低算法对多极值优化问题的寻优性能，陷入局部最优解。针对此问题，引入吸引子多元更新策略，假设粒子 j 的邻域最优位置为 $\xi P_{\text{best}_{k,t}}$，$\xi$ 表示邻域权重因子，更新公式替换为

$$P_{k,t} = \alpha P_{\text{best}_{k,t}} + (1-\alpha)\xi P_{\text{best}_{k,t}} \qquad (3.3-14)$$

$$P_{k,t} = \alpha P_{\text{best}_{k,t}} + (1-\alpha)(G_{\text{best}_{t}} - \xi P_{\text{best}_{k,t}}) \qquad (3.3-15)$$

式（3.3-8）是原始的吸引子更新公式，可以从种群最优位置选取保留较优解，式（3.3-14）可以从邻域最优位置中选取较好解，式（3.3-15）可以从全局最优位置和邻域最优位置的差异中选取保留较好解。吸引子多元更新策略能够综合考虑种群最优位置、个体历史最优位置和邻域最优位置进行更新，有效地增加了种群多样性，进行全局寻优。在具体实施中，引入辅助随机权重 $\omega \in (0, 1)$，如果 $\omega < \xi$，则按式（3.3-14）更新吸引子；如果 $\xi \leqslant \omega < (1-\xi)$，则按式（3.3-8）更新吸引子，否则按式（3.3-15）更新吸引子。在实际执行中，通常选取 $\xi \in \left[0, \dfrac{1}{3}\right]$。

（2）势阱特征长度扰动策略。整合式（3.3-10）和式（3.3-12）可得：

$$X_{k,t+1}=P_{k,t}+\frac{L_{k,t}^{j}}{2}\ln(u) \qquad (3.3-16)$$

可见，势阱的特征长度 $L_{k,t}^{j}$ 直接关系到算法的搜索速度和收敛性能。QPSO 算法采用种群平均位置进行位置更新，不能充分反映整个群体的搜索信息，当种群的最优位置 G_{best_t} 为局部最优时，几乎所有的粒子只进行局部搜索，难以跳出局部极值。因此，本文考虑不同个体的信息，引入扰动策略，对于含有 W 个粒子的种群，按比例 $\theta\in(0.1,0.3)$ 随机选取 θW 个粒子按下式对势阱特征长度进行扰动：

$$L_{k,t}^{j}=2\beta\left|\frac{P_{\mathrm{best}_{k,t}}^{j,\lambda_{1}}-P_{\mathrm{best}_{k,t}}^{j,\lambda_{2}}}{2}\right| \qquad (3.3-17)$$

式中　λ_{1}、λ_{2}——随机选取的两个粒子。

（3）动态交叉策略。为了进一步增加种群的全局搜索能力，将遗传算法的交叉操作引入 QPSO 中。在算法迭代过程中，对于第 t 次迭代，首先根据式（3.3-9）和式（3.3-14）~式（3.3-17）获得 $t+1$ 代的粒子位置 $X_{k,t+1}$，再将新一代的粒子位置与个体历史最优位置 $P_{\mathrm{best}_{k,t}}$ 进行交叉操作，生成新个体位置 $Z_{k,t}=\{Z_{k,t+1}^{1},Z_{k,t+1}^{2},\cdots,Z_{k,t+1}^{N}\}$，则按下式对粒子位置进行交叉：

$$Z_{k,t+1}^{j}=\begin{cases}X_{k,t+1}^{j} & (\eta^{j}<\gamma_{c})\\ P_{\mathrm{best}_{k,t}}^{j} & (\text{其他})\end{cases} \qquad (3.3-18)$$

式中　η^{j}——随机数，且满足 $\eta^{j}\sim U(0,1)$；

　　　γ_{c}——交叉概率。

粒子的历史最优位置交叉操作为

$$P_{\mathrm{best}_{k,t+1}}^{j}=\begin{cases}Z_{k,t+1}^{j}\left[f(Z_{k,t+1}^{j})<f(P_{\mathrm{best}_{k,t}}^{j})\right]\\ P_{\mathrm{best}_{k,t}}^{j} & (\text{其他})\end{cases} \qquad (3.3-19)$$

式中　$f(\cdot)$——适应度函数。

由于较大的交叉概率可以充分保留个体的经验知识，加快算法的收敛速度；较小的交叉概率能够在保留个体信息的同时，增加种群多样性，增强全局搜索能力。因此，本书引入动态交叉策略，使得在算法迭代初期，交叉概率较大，在迭代中后期，交叉概率较小。动态交叉策略定义如下：

$$\gamma_{c}(t)=\gamma_{\max}-(\gamma_{\max}-\gamma_{\min})\ln[1+(e-1)t/I_{\max}] \qquad (3.3-20)$$

其中，$\gamma_{c}\in[\gamma_{\min},\gamma_{\max}]$，$\gamma_{\min}$ 和 $\gamma_{\max}$ 分别表示给定的交叉概率最小值和最大值，e 为自然底数。

3. 基于 IQPSO 的核模糊 C 均值聚类算法

将 QPSO 算法采用上节所述策略进行改进后，用于优化核模糊 C 均值聚类的聚类中心和核参数，即为本书提出的基于改进量子粒子群优化的核模糊 C 均值聚类算法（IQPSO-KFCM）的核心思想。一般的 KFCM 通过最小化类内距离确定聚类中心，见式（3.3-5），忽略了不同类的类间距离，降低了聚类精度。因此，本文综合考虑类内距离和类间距离，对适应度函数进行改进。

4. 适应度函数构造

根据式（3.3-4）定义 KFCM 不同类样本的类间距离如下：

$$D_i = \sum_{\xi,i=1}^{M} (\mu_i)^m \parallel \varphi(v_i) - \varphi(v_\xi) \parallel^2 = 2\sum_{\xi,i=1}^{M} (\mu_i)^m [1 - K(v_i, v_\xi)]$$

$$(3.3-21)$$

目标函数为

$$E_i = \frac{J_i}{D_i} \qquad (3.3-22)$$

式中 D_i——类间距离的和，描述了各类之间的关系；

      J_i——类内距离的和，是原始聚类算法的目标函数。

在该目标函数中，J_i 越小，D_i 越大，则 E_i 越小，表示同一类内样本距离越近，不同类间样本距离越远，聚类效果越好。因此，构造适应度函数如下：

$$fit_i = \frac{1}{1 + E_i} \qquad (3.3-23)$$

可知，fit_i 越大，聚类效果越好。

5. 算法步骤

IQPSO-KFCM 的基本过程为：在改进的量子粒子群优化中，粒子的位置代表优化问题的可行解，每个位置由一组聚类中心组成，交替执行 IQPSO 和 KFCM 算法，对核参数和聚类中心进行优化，从而得到最佳分类效果下的聚类中心和高斯核函数的核参数。算法详细步骤如下：

步骤 1：参数设置。确定聚类个数 M、变量维度 N、误差阈值 ε、最大迭代次数 I_{max}、交叉概率的最小值 γ_{min} 和最大值 γ_{max}。

步骤 2：初始化。种群大小 W、粒子位置 $X_{k,0}$、聚类中心 v_i，令粒子历史最优位置和种群最优位置为 0。

步骤 3：根据式（3.3-5）和式（3.3-21）～式（3.3-23）计算适应度函数，对个体历史最优适应度函数降序排列（求最大值），根据计算结果更新粒子历史最优位置 $P_{best_{k,t}}$ 和种群最优位置 G_{best_t}。

步骤 4：对种群中的每一个粒子 k（$1 \leqslant k \leqslant W$）执行步骤 5～步骤 9。

步骤 5：根据适应度函数确定每个粒子的邻域最优位置 ξP_{best_k}，按照式

（3.3-14）、式（3.3-15）执行吸引子多元更新策略，得到局部吸引子 $P_{k,t}$。

步骤6：执行势阱特征长度扰动策略，根据式（3.3-16）和式（3.3-17）更新粒子位置 $X_{k,t+1}$。

步骤7：执行动态交叉策略，根据式（3.3-18）更新粒子位置。

步骤8：根据式（3.3-19）更新粒子历史最优位置 $P^j_{\text{best}_{k,t}}$。

步骤9：比较适应度函数，更新种群最优位置 G_{best_k}。

步骤10：根据式（3.3-20）更新交叉概率。

步骤11：重复执行步骤4～步骤10，直到相邻前后两次适应度函数误差满足误差阈值，或达到最大迭代次数，停止迭代，最终得到的 $G_{\text{best}_{t+1}}$ 就是采用 IQPSO-KFCM 得到的最优解，$f(G_{\text{best}_{t+1}})$ 就是相应的最佳指标。

3.3.6.2 补充信噪比特征

信噪比（SNR）的计算方法是通过前导序列，在频域上计算载波信号与噪声功率之比，得到相应的信噪比估计值。SNR 的计算由主节点/从节点的接收机物理层负责计算。

以低压电力线宽带载波 OFDM 系统为例，OFDM 系统并行等效模型示意图如图 3.3-14 所示，带独立 AWGN 的并行子信道，并且可用方程表示如下：

$$Y_{m,k}=X_{m,k}H_{m,k}+W_{m,k} \tag{3.3-24}$$

其中，$Y_{m,k}$、$X_{m,k}$ 和 $W_{m,k}$ 分别为第 m 个符号周期，第 k 个子载波的接收符号、发送符号以及均值为 0、方差为 $2\sigma^2$ 的复加性高斯白噪声。且 $X_{m,k}=\sqrt{S}d_{m,k}$，$d_{m,k}$ 的模为 1，S 为发射信号功率。

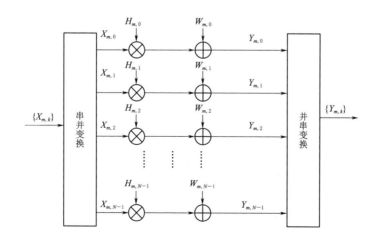

图 3.3-14 OFDM 系统并行等效模型示意图

因此，基于最小二乘估计器推导的信噪比估计值为

$$\rho_{av} = \frac{S_{av}}{2\sigma^2} = \frac{|R_{X\bar{Y}}|^2}{\langle R_{X\bar{X}} \rangle \langle R_{Y\bar{Y}} \rangle - |R_{X\bar{Y}}|^2} \qquad (3.3-25)$$

其中，$R_{X\bar{Y}} = \langle X, Y^* \rangle$ 为互相关运算，$*$ 表示共轭运算。

以 dB 为单位的信噪比估计值为

$$\rho_{av}^{dB} = 10 \lg \rho_{av} \qquad (3.3-26)$$

算法步骤如下：

（1）接收机启动信号检测机制，获得信号的同步信息。

（2）接收机通过同步指示，得到有效的多段前导信号。

（3）接收机对接收的前导数据进行快速傅里叶变换，得到频域的接收信息 Y（标准前导信号与噪声的叠加）。

（4）接收机预先存储有效子载波的本地前导信息 X（载波的前导信号是标准信号）。

（5）噪声信息 $Z = Y - X$。

（6）统一按照公式 $S_{NR} = 10 \lg 10 \dfrac{X}{Z}$，来计算 S_{NR} 估计值。

（7）多帧通信的 S_{NR} 平均值用于表征两点之间的通信质量，通信质量越好表示相关性越高。

3.3.6.3　改进数据分析算法

工频过零序列法、工频电压曲线法和信噪比法均是基于 Pearson 相关系数、Euler 距离或平均值进行的数值比较识别，但由于采集本身存在一定的测量误差，所以区分指标 c 应是在某一理想值附近变化的随机变量，假设 c 服从正态分布 (μ, σ^2)，那么 n 次计算区分指标 $\{cn\}$ 之后得到关于 c_i 的极大似然函数为

$$L(c_i, \mu, \sigma^2) = \left(\frac{1}{\sqrt{2\pi}\sigma} \right)^n \exp\left(-\frac{1}{2\sigma^2} \sum_i^n (c_i - \mu)^2 \right) \qquad (3.3-27)$$

求 $L(\Delta T_i, \mu, \sigma^2)$ 的极大值可得 c_i 的极大似然估计为

$$C_i = \frac{\sum_i^n c_i}{n} \qquad (3.3-28)$$

n 次测量的最大似然估计值即为 n 个区分指标的均值。根据极大似然估计原理，区分次数 n 越大，区分指标越趋于稳定和准确。如图 3.3-15 所示，是一个目标节点对应两个主节点地址户变关系工频电压曲线特征一段时间的累积分析结果，蓝色线为非同台的 Euler 距离，橙色线为同台区的 Euler 距离。由结果

可见，在区分一开始同台区与非同台区的区别就非常明显，完全可以直接作出准确的台区判断。但是初期，两个主节点的偏移值非常不稳定，说明台区的电压曲线一致性在短时间内还是存在较多的随机干扰。随着时间的推移，两条累积的偏移均值曲线逐渐趋于平稳，也就是说累积数据的联合运用，增加了区分结果和指标的稳定性，使得偶发的或短时的干扰不会体现在区分指标上，这样即使出现了更大的干扰，只要是足够短时间内发生的，就不会对台区区分的准确性造成任何影响，即本方案的台区区分具有较强的鲁棒性，适合应用场景将会十分广泛。

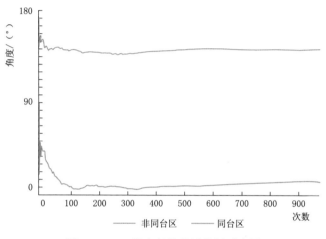

图 3.3-15　最大似然统计分析示意图

以工频过零序列法中数据相关性识别方法改进为例，具体步骤如下：

（1）采集同步的工频过零时刻序列。变压器位置集中器（主节点）向目标用户电能表（从节点）发出户变关系识别命令，从节点收到采集命令后，主/从节点基于本地通信方式传输的同步信息，同步采集各自交流市电的工频过零时刻序列。

（2）从节点汇总数据计算区分指标。从节点获取（1）中主节点采集的工频过零时刻序列，在本地与自身采集的同步序列计算二者的 Pearson 相关系数作为区分指标。

（3）利用最大似然估计提高指标准确性。由步骤（2）得到的结论易受到随机扰动的影响，为了消除此影响，从节点与主节点多次采集同步曲线计算区分指标，即重复（2）的步骤。依据最大似然准则，对多次区分指标取均值即为最大似然估计，可进一步提升台区区分结果准确性与稳定性。

（4）从节点根据区分指标得出台区归属。当从节点与多个台区主节点完成步骤（3）后，对指标进行大小比较，区分指标最大主节点对应的台区即为从节点的归属台区。

3.3.6.4 识别阈值设定

由于目前的识别算法基本利用数值大小作为判断依据，存在较大的误识率，若增加严苛的识别阈值，必将增大漏识率，所以增加识别阈值的参数化设计，通过计量自动化系统的通信信道对在线户变关系识别方案不断优化。

识别阈值的设定是基于已 100%确定户变关系的 X 个台区样本，台区类型覆盖农村、城乡结合部、旧居民小区、高层居民小区和孤立小型定居点各种台区类型，再将各用户端通信模块获取的工频过零序列、工频电压曲线和信噪比三个特征数据作为训练数据，进行相应数据分析，输出户变关系识别结果和比较判断阈值序列 A_i、B_i、C_i，为保障正识率 100%，漏识率小于 1%，采用 Adaboost 学习算法对识别阈值不断优化，如图 3.3 - 16 所示，图中 Ya、Yb、Yc 为对应设置的阈值。

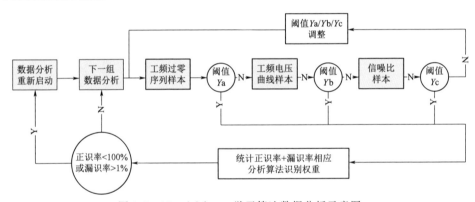

图 3.3 - 16 Adaboost 学习算法数据分析示意图

工频过零序列法、工频电压曲线法和信噪比法三种分析方法初始权重为 1/3，当某个分析方法的正识率增加则相应增加此方法的识别权重。

识别阈值在用户端通信模块内是参数化设计，当随着台区样本的增加，若识别阈值发生变化，则需要经过计量自动化系统的通信信道对用户端通信模块的识别阈值进行一次性调整，如广播方式，使正识率和漏识率达到系统目标。

3.4 在线户变关系识别方案现场验证

由于在线户变识别方案的分析方案与通信技术无关，而与电网本身固有属性特征有关，所以现场验证台区选择埋地电缆输电线和架空输电线为主要筛选条件，用户数选择 500 以上，保障识别方案的普适性。

3.4.1 地缆输电线现场验证

本次验证主要针对之前使用专用台区识别仪（识别原理为低频脉冲信号的收/发与否来判断），识别区分后两台区线损依然异常的台区。测试两台区共 574 块电表，分别位于两栋各 27 层的高楼内，其中两栋楼 1～5 层为商铺，由一独立变压器进行供电，其余 22 层均为居民用户，由两台变压器进行供电，5 号楼每层一个表箱，一个表箱 12 块表，3 号楼每层两个表箱，一个有 9 块表，另一个有 5 块表，但归属关系不明，台区拓扑基本情况如图 3.4 - 1 所示。

两测试区已用台区识别仪进行过三次户变关系识别，但每次识别结果都会存在差异，且进行线损分析时均不正确，超出线损合理范围，最后一次户变关系识别结果的详情见表 3.4 - 1。

表 3.4 - 1 台区识别仪户变关系识别结果

序号	表 箱 位 置	识别结果
1	5 号楼表箱：6、7、9、10、11、12、13、14、15、16、17、18、19、20、21、22、23、25。 3 号楼表箱：13、14、15—2、16—1、18—2	26718 台区
2	5 号楼表箱：8、24、26、27。 3 号楼表箱：6、7、8、9、10、11、12、15—1、16—2、17、18—1、19、20、21、22、23、25、26、27	23035 台区

注　表中数值为对应表箱与台区编号。3 号楼若未标识 X - 1 或 X - 2，则表示此楼层两表箱识别为同一台区。

台区识别仪区分的台区拓扑情况如图 3.4 - 2 所示。

两栋楼采集设备的本地通信模块更换支持户变关系识别的通信模块后，工频过零时刻序列如图 3.4 - 3 所示。查看个别疑难识别电能表进行工频过零时刻序列的验证，确认某一时刻识别度达到 97.52%，区分度明显。

自动运行一天，本地通信模块的识别结果的详情见表 3.4 - 2。

表 3.4 - 2 本地通信模块的识别结果

序号	表 箱 位 置	识别结果
1	5 号楼表箱：6、7、8、9、10、11、12、13、14、15、16、17、18、19、20、21、22、23、24、25。 3 号楼表箱：13、14、15、16—1	26718 台区
2	5 号楼表箱：26、27。 3 号楼表箱：6、7、8、9、10、11、12、16—2、17、18、19、20、21、22、23、25、26、27	23035 台区

3号楼		5号楼
27－1	27－2	27－1
26－1	26－2	26－1
25－1	25－2	25－1
24－1	24－2	24－1
23－1	23－2	23－1
22－1	22－2	22－1
21－1	21－2	21－1
20－1	20－2	20－1
19－1	19－2	19－1
18－1	18－2	18－1
17－1	17－2	17－1
16－1	16－2	16－1
15－1	15－2	15－1
14－1	14－2	14－1
13－1	13－2	13－1
12－1	12－2	12－1
11－1	11－2	11－1
10－1	10－2	10－1
9－1	9－2	9－1
8－1	8－2	8－1
7－1	7－2	7－1
6－1	6－2	6－1
1~5层 商铺		1~5层 商铺

| 台区 26718 | 地下室 | 台区 23035 |

图 3.4 - 1　台区拓扑基本情况

3号楼		5号楼
27－1	27－2	27－1
26－1	26－2	26－1
25－1	25－2	25－1
24－1	24－2	24－1
23－1	23－2	23－1
22－1	22－2	22－1
21－1	21－2	21－1
20－1	20－2	20－1
19－1	19－2	19－1
18－1	18－2	18－1
17－1	17－2	17－1
16－1	16－2	16－1
15－1	15－2	15－1
14－1	14－2	14－1
13－1	13－2	13－1
12－1	12－2	12－1
11－1	11－2	11－1
10－1	10－2	10－1
9－1	9－2	9－1
8－1	8－2	8－1
7－1	7－2	7－1
6－1	6－2	6－1
1~5层 商铺		1~5层 商铺

| 台区 26718 | 地下室 | 台区 23035 |

图 3.4 - 2　台区识别仪区分的台区拓扑情况

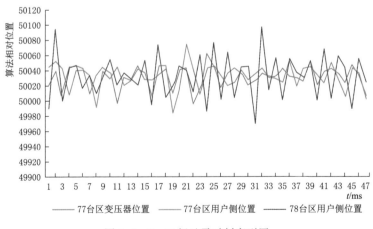

图 3.4 - 3　工频过零时刻序列图

本地通信模块在线户变识别的台区拓扑情况如图3.4-4所示。

从楼宇分布和电力施工角度考虑，使用本地模块进行的在线户变识别的结果更合理，后期使用停电拉闸核实后确认户变关系识别准确率为100%，后续统计线损合格率也一直处于合理范围（<5%）内。

3.4.2　架空输电线现场案例

本次验证主要针对线路较长、供电环境复杂且采集成功率异常的架空输电线现场台区。测试的两台区由两台变压器进行供电，用户数共790户，包括普通居民用户和门店，台区拓扑如图3.4-5所示。

测试步骤如下：

（1）使用台区识别仪进行户变关系的判断，除了门店1/2/3和平房8/9外均可确定台区归属。

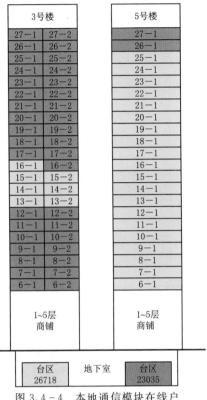

图3.4-4　本地通信模块在线户变识别的台区拓扑情况

（2）更换支持在线户变关系识别功能的通信模块，进行户变关系的识别，所有楼宇、平房和门店用户均可确定台区归属。

（3）根据线路和楼宇布局逐表断电排查电能表的台区归属，确认电能表归属与模块识别结果吻合。

（4）根据确定后的台区归属结果，调整集中器抄读档案，详细对比结果见表3.4-3。

表3.4-3　　　　　　　　　档案调整前后结果对比

台　区　概　述			档　案　调　整　前			档　案　调　整　后		
台区号	台区名称	地址码	表数量	漏抄	成功率	表数量	漏抄	成功率
585109004	泰昌线004S	47818	1	0	100.00%	502	12	97.61%
585109004	泰昌线004S	47817	789	329	58.30%	288	0	100.00%

注　47818台变下12户电表漏抄，其中9户未找到电表（经系统查询发行电量8户连续10个月未用电量，1户6个月未用电），2户锁门电表模块未更换（不支持在线户变关系识别），还有1户电表模块被摘。

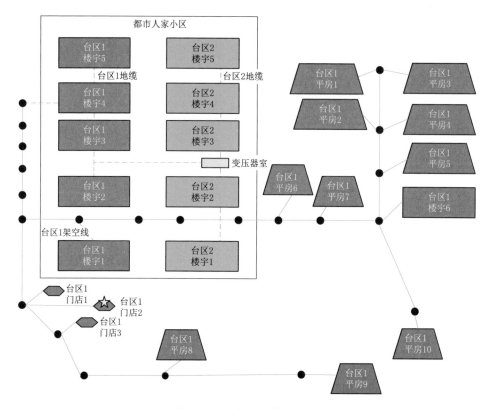

图 3.4-5 台区拓扑示意图

从架空输电线走线观察，使用本地模块进行的在线户变识别的结果正确，后期使用停电拉闸核实后确认户变关系识别准确率为 100％，后续统计线损合格率也一直处于合理范围（<5％）内。

经过大量现场验证，基于多特征融合法的在线户变关系识别方案，确定了表模块分布式识别机制后，利用了相位识别将用户进行分相分类识别，使用表箱聚类进行诊断，再将工频同步序列、工频电压曲线和信噪比（SNR）、GPS 定位信息等特征进行了融合，并对识别算法进行了改进，最终实现在线户变关系识别的正识率 100％，漏识率小于 1％，保障了后续大规模工程化推广实施。

第4章

基于特征电流的户变关系及拓扑识别技术

4.1 概述

基于多特征融合法的在线户变关系识别方案使得户变识别的准确率已经满足实际应用需求，不过仍可能存在个别疑难点且无法实现电能表的物理拓扑识别。因此，需研究基于特征电流的拓扑识别技术，实现物理拓扑识别的同时，可实现户变关系的100%识别率。

4.2 特征电流技术

4.2.1 特征电流原理

用电设备在低压电网线路中工作时会向电网馈送一定强度的谐波分量，典型台区线路拓扑模型如图4.2-1所示。因此，可以通过在电能表零火线之间加装电阻投切装置，控制电阻投切方式（如通断规律），等效台区线路拓扑电气特性仿真模型如图4.2-2所示。可以在电网中馈送设定规律的谐波电流，通过在变压器二次侧检测该频点谐波电流变化规律，即可实现户变关系识别。

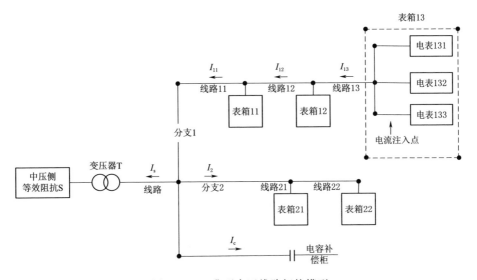

图 4.2-1 典型台区线路拓扑模型

1. 电流产生

（1）频率选择：理论上频率越大，衰减越大；匹配奈奎斯特采样定律，频率理论不能大于 1/2 采样率。

（2）幅度选择：单表注入百毫安级电流，持续时间为秒级，对电网线损影响极小。

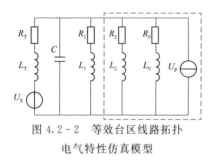

图 4.2-2 等效台区线路拓扑
电气特性仿真模型

2. 电流流向

（1）分流影响：配电变压器内阻为最小，特征电流产生后的主要分量往变压器方向传输。

（2）谐振影响："分支"和"分级"理论会产生影响。

3. 电流判断

（1）判断精度：信号调制编码扩频越长，判断精度越高；源端 AD 采样为 24bit，互感器变比 2000：1，精度达百微安级。

（2）判断效率：无网络组网逻辑，同一时刻仅允许一端进行电流注入。

4.2.2 频点选取

为了增加方法的适用性和推广性，本书中频点选取考虑如下因素：

（1）由于电网谐波成分复杂，负荷变化带有随机性，绝大多数设备产生的谐波均在奇、偶次谐波上，因此投切电阻馈送信号的频率需要避开奇、偶次谐波。

（2）低压线路中，变压器二次侧的 I 型集中器、配变终端等设备均依靠交流采样进行电流采样，且采样频率一般为 5000Hz，因此这里选用采样频率 $F_s = 5000Hz$。

（3）投切频率越大，馈送到电网中电流频率越高，线路的衰减和分流越大，因此在频率选择时要选择适当大的频率，既能减弱基波和 3、5、7 次谐波的干扰，又能尽可能保留信号特征。

（4）为了使滑动 DFT 信号提取尽可能准确，需设计投切信号和工频信号的整数倍作为信号分析的最小周期。

对于 5000Hz 的采样率，一个工频（$f_0 = 50Hz$）周波采样点数为 $\overline{T} = F_s / f_0 = 100$，为分析确定投切频率，分别计算投切信号不同周期下对应的馈线电流特征，见表 4.2-1。

投切周期点数	总周期（工频周波个数）	中心频率 f_c/Hz	谐波 f_1/Hz	谐波 f_2/Hz
3	3	1666.7	1616.7	1716.7
4	1	1250	1200	1300
5	1	1000	950	1050
6	3	833.3	783.3	883.3
7	7	714.3	664.3	764.3
8	2	625	575	675
9	9	555.6	505.6	605.6
10	1	500	450	550

表 4.2 - 1   不同投切周期馈线电流分析

在表 4.2 - 1 中，投切周期点数表示 5000Hz 采样率下开关一次通断对应的采样点数，总周期表示投切周期和工频周期的最小周期，可以发现，当总周期为一个周波和两个周波时，馈线电流谐波均在奇、偶次谐波和 575Hz、675Hz 之类的间谐波上，电网背景噪声较大，干扰严重，不适合作投切频点。投切信号周期点数越多，相同时间内包含的谐波周期越少，DFT 提取的精度相应越低（考虑噪声干扰），为保证相同精度需要投切的时间越长，会降低识别效率；投切的点数越少，馈线谐波电流频率越高，线路分流和衰减越大，且每个投切周期内采样信息越少，引入的采样误差会越大，因此，本书选取投切中心频率 $f_c = 833.3$Hz，馈线到电网中的谐波电流频率 $f_1 = 783.3$Hz、$f_2 = 883.3$Hz。

4.2.3 拓扑识别软件实现

发送端通过 OOK 调制实现固定位宽特征电流的有无来代表数字信号的"1"和"0"，调制载频 f_1 为发送特征信号的开关频率，原始信息经过调制之后信号 $m(t)$ 为

$$m(t) = \begin{cases} 0 \\ A\,square(t, D_{UTY}) \end{cases}$$

式中　　A——特征电流幅值；

D_{UTY}——特征信号的占空比。

OOK 调制过程如图 4.2 - 3 所示，调制载频为 f_1，每个比特持续时间为设置的位宽时间，如果该信息为 1 比特，则在该信息持续时间内使用频率 f_1 进行投切；如果该信息为 0 比特，则不

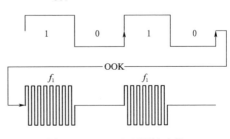

图 4.2 - 3 OOK 调制过程

进行投切。

OOK 调制示例实现示意图如图 4.2 - 4 所示，调制载频默认采用 $f_1 =$ 833.3Hz，每个比特持续时间为 0.6s，如果该比特为 1，则在该比特持续时间内使用频率 833.3Hz 进行投切；如果该比特为 0，则不进行投切。

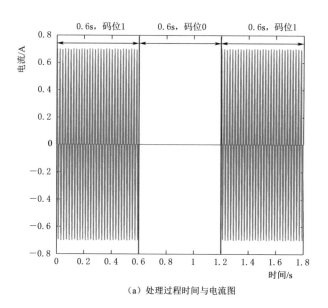

（a）处理过程时间与电流图

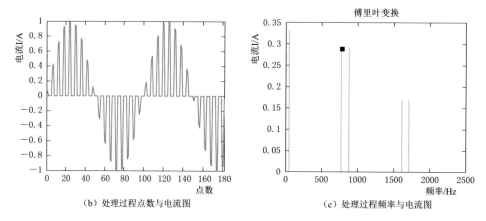

（b）处理过程点数与电流图　　（c）处理过程频率与电流图

图 4.2 - 4　OOK 调制示例实现示意图

接收端通过电流互感器检测特征电流信号，进行相应的解调处理，最终将电力线上的特征电流信号还原为解码后数据信息，并进行逻辑判断。识别设备可依据识别的信号进行户变和拓扑关系识别。

4.2.4 拓扑识别硬件实现

通过设计电流源，可利用高压 MOS 的线性区，实现电阻可变保持恒流，所以满足电力环境的高压 MOS 为关键元器件。进行 400V 调制时，相关功率承受器件会产生较大温升，考虑极限情况的使用安全，应采用散热性能好的 MOS。神经元模块的投切电路发送特征电流会导致高压 MOS 发热，因此为保护投切电路正常工作并降低安全隐患，软件应做以下防护：高压（大于 280V）不发特征电流，发送完电流后需等 180s 才能再次发送，投切异常防护功能。

4.3 基于特征电流的拓扑识别系统

如图 4.3-1 所示，通常将低压台区分为配电房/JP 柜、分支箱、表箱三级架构。

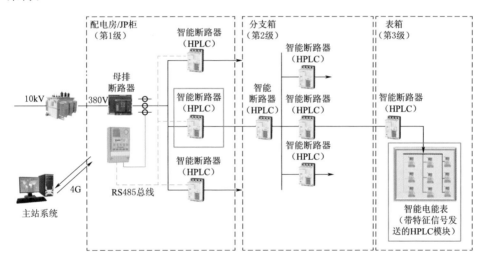

图 4.3-1 系统架构示意图

1. 设备清单

（1）新型终端（带特征电流检测）。

（2）物联智能断路器（带特征电流发送及检测）。

（3）智能电能表及 HPLC 模块（带特征电流发送的 HPLC 模块）。

（4）主站系统（开发了对台区终端的调度机制）。

2. 设备部署

（1）在第 1 级配电房/JP 柜处安装新型终端，在分支出线处安装物联智能断路器。

（2）在第 2 级分支箱进线或出线根据情况加装支持 HPLC 模块的智能断路器。

（3）在第 3 级表箱前安装物联智能断路器，表箱处智能电能表采用/更换具备特征电流发送的 HPLC 模块。

3．关键要素

（1）时钟同步：主站与终端之间维系系统时钟；CCO 与 STA 维系载波网络时钟。

（2）地址信息：现系统不具备自由组网的条件和需求，判断时间基于主站/终端控制的单一 STA 进行特征电流注入；相互独立两 STA 之间同时发送特征电流，会导致误判，若传输地址易导致地址错误。

（3）识别原则：拓扑层级一级级梳理，按照节点与父节点绑定梳理原则。

4.4 基于特征电流的拓扑识别流程

台区拓扑识别整体流程如图 4.4 - 1 所示。

1．户变识别模式

所选台区新型终端执行户变识别流程，其中存在户变关系归属正常的设备可准确识别户变关系；户变关系归属错误的设备，即存在跨台区情况，跨台区设备无法准确识别户变关系。

（1）新型终端启动本地 CCO 模块的"台区识别"，台区全网智能断路器和电能表的 STA 模块进行台区特征信息的识别，新型终端启动本地 CCO 模块进行识别结果的采集。

（2）新型终端同步获取通信网络中 STA 节点的户变关系识别结果，对"已识别"和"未识别"节点进行状态标识。

注意：户变识别模式可独立应用进行台区节点户变关系的识别。

2．拓扑识别模式

对新型终端内设备清单列表内所有设备逐个进行识别，其中存在户变关系归属正常的设备可准确识别拓扑关系；户变关系归属错误的设备，即存在跨台区情况，跨台区设备无法准确识别拓扑关系。

（1）主站启动"全网广播校时"，台区全网智能断路器和电能表的 STA 模块进行时钟同步。

（2）新型终端基于 HPLC 模块的"并发抄表"应用功能，批量选择设备清单列表中的 STA 节点，并通知节点注入特征电流的时间 Y_n 和电流特征 K_n，其中电能表节点由电能表 HPLC 模块完成电流注入，智能断路器由智能断路器本身完成电流注入。

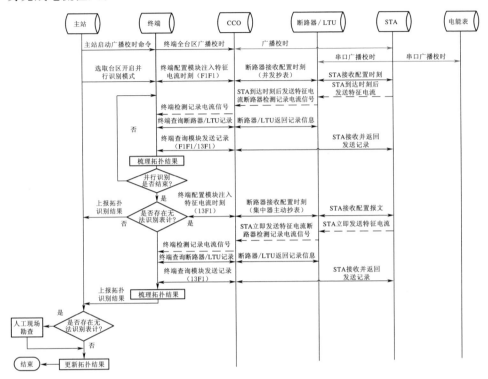

图 4.4-1 台区拓扑识别整体流程

（3）当时间运行至 Y_n 时，相关设备按照预先设定的时间进行预定特征电流的注入。

（4）所有新型终端、智能断路器一直监测特征电流，若检测到特征电流，则将电流强度、相位和对应识别时间绑定存储在本地设备。

（5）持续进行配置、发送、检测和采集的步骤（2）～步骤（5），直至所有设备遍历完毕。

（6）新型终端基于 HPLC 模块的"并发抄表"应用功能，对台区全网智能断路器和电能表进行注入电流检测结果的采集。

（7）若存在网络拓扑节点未检测到特征电流，执行通信网络稳定性识别。若通信网络稳定，则通知异常节点进行一段时间的退网；若依旧入网成功，则档案依旧存于新型终端内保障业务数据的采集，但标识其为非本台区节点。

注意：通信网络不佳的节点若持续无法进行可靠网络建立，需进行通信网络排查，非本文流程需考虑因素。

（8）新型终端基于采集的全网检测结果信息，首先进行"户变关系"状态的校验，保障户变关系的准确识别。

（9）新型终端结合已有分析信息（户变关系信息、STA 发送记录信息、注入电流检测信息和相位信息等），统计分析并生成台区智能断路器和电能表的物理拓扑层级关系。

（10）新型终端依据当前物理拓扑层级关系识别结果，若存在"未识别"或"结果存疑"等状态的节点，可重复步骤（2）～步骤（9）N 次，提升物理拓扑层级关系识别的准确度。

（11）若多轮预设模式下依旧存在"未识别"或"结果存疑"等状态的节点，新型终端基于 HPLC 模块的"主动抄表"应用功能，对未识别节点"立即发送模式"进行发送和检测。

（12）主站获取新型终端内的台区物理拓扑层级关系，执行拓扑识别结果的校验过程。

注意：可采用基尔霍夫电流定律（KCL）对电流数据进行校验，生成拓扑识别的可信度。

基于特征电流的户变识别、物理拓扑识别方案，采用恒定电流注入的方式，可以实现配电台区分支及用户的物理拓扑识别，并保证户变关系的精确。在拓扑清晰的基础上，进行台区总线损和分段线损的统计，可为线损精益管理分析提供技术支撑。

第5章

户变关系数据库的建立
与接口技术

5.1 系统设计

5.1.1 系统设计说明

本系统设计说明编写的目的是说明程序模块的设计考虑因素，包括程序描述、输入/输出、算法和流程逻辑等，为软件编程和系统维护提供基础。

本说明的预期读者为系统设计人员、软件开发人员、软件测试人员和项目评审人员。

5.1.2 术语表

户变关系中术语与定义见表 5.1-1。

表 5.1-1　　　　　　　术 语 与 定 义 表

序号	术语或缩略语	说 明 性 定 义
1	户变拓扑系统	本项目开发的户变拓扑系统软件
2	通信前置机	集中器等采集终端设备登录建立 TCP 连接通道的软件
3	采集终端设备	采集各种计量设备数据，与户变拓扑系统通信上传数据的采集终端通信设备，集中器、负控终端等

5.1.3 文字处理及绘图工具

（1）软件开发环境：MyEclipse 2017。

（2）框图设计工具：Microsoft Office Visio。

5.1.4 系统架构

采集终端设备通过 GPRS、以太网、RS232 专线等通信方式与通信前置机建立通道，将采集到的户变关系数据上传到户变拓扑系统，使系统中维护的户变关系档案处于正确的状态，在此基础上，系统开展若干上层应用，包括线损分析、停电分析、电表异常统计等。

户变关系系统采用 B/S 架构设计，通过浏览器进行访问，系统架构如图 5.1-1 所示。

5.1.5 功能模块划分

户变拓扑的功能模块划分如图 5.1-2 所示。

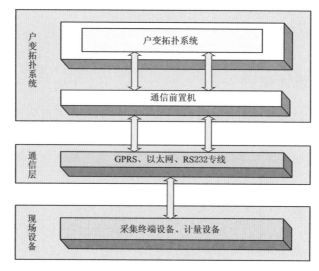

图 5.1-1　系统架构图

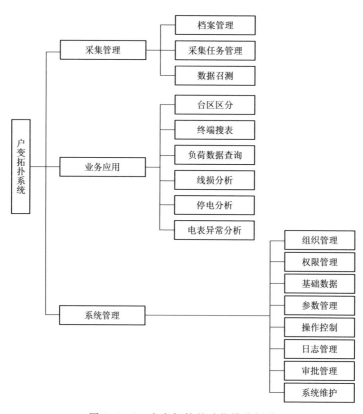

图 5.1-2　户变拓扑的功能模块划分

5.1.6 业务模块说明

1. 采集管理

采集管理主要有档案管理、采集任务管理、数据召测等功能模块，主要用于户变拓扑系统中采集终端设备档案与计量设备档案的管理，以及这些设备的数据采集管理。

（1）档案管理。

户变拓扑系统的档案管理主要包括线路档案管理、台区档案管理、采集点档案管理、表箱档案管理、电表档案管理等功能模块。采集点档案为采集终端设备档案，电表档案为计量设备档案，表箱与电表的对应关系借助 GPS 定位设备建立。

（2）采集任务管理。

数据采集管理主要用于采集任务的配置，采集任务又分自动采集任务和补采任务编制两种，配置好相关数据采集的任务之后，可以完成户变拓扑系统从现场各个终端设备中获取相关采集数据，用于后续系统中统计分析展示。

（3）数据召测。

数据召测功能主要通过户变拓扑系统与监测点设备建立的通信通道，完成对计量设备数据的实时读取和展示，用于监测或随时查看当前在线计量设备采集的数据情况。

2. 业务应用

业务应用主要包括台区区分、终端搜表、线损分析、停电分析、电表异常分析、负荷数据查询等功能模块。

（1）台区区分。

通过该模块对采集终端设备下发台区区分命令，采集终端设备开启台区区分功能，并将区分结果以事件的方式主动上报给户变拓扑系统，然后在该模块查看台区区分结果，并根据台区区分结果对相关档案进行管理。

（2）终端搜表。

通过该模块对采集终端设备下发终端搜表命令，采集终端设备开始搜表，并将搜表结果以事件的方式主动上报给户变拓扑系统，然后在该模块查看搜表结果，并根据搜表结果对相关档案进行管理。

（3）负荷数据查询。

在采集任务管理模块配置好采集任务后，户变拓扑系统会周期性的采集终端设备中的数据，在负荷数据查询模块可查询计量设备的负荷曲线数据。

（4）线损分析。

在户变关系正确的基础上，该模块对采集到的负荷曲线数据进行统计分析，并计算出台区线损，该模块可对台区线损数据进行查询展示。

（5）停电分析。

采集终端设备会将台区中的停电事件上报给户变拓扑系统，在该模块中可对停电事件进行查询展示以及统计分析。

（6）电表异常分析。

户变拓扑系统对采集到的负荷曲线数据进行统计分析，根据一定的算法识别出异常数据，根据异常数据生成计量设备的异常事件并通知用户。

3. 系统管理

系统管理是户变拓扑系统的后台应用维护模块，主要包括组织、权限、参数、日志等系统信息的维护功能。

（1）组织管理。

组织管理用来管理组织、部门、人员，系统中建立各级组织，组织下建立部门，部门中建立人员，控制不同部门的不同人员的系统访问。

（2）权限管理。

权限管理包括角色管理、角色人员分配、模块权限分配、动作权限分配，主要针对不同角色的人员，对系统有不同的访问和使用权限。

（3）基础数据。

基础数据主要包括模块管理、编码管理、任务管理等功能模块。模块管理用于系统中模块访问路径的配置，编码管理主要包括系统中一些参数编码的管理，任务管理用于控制后台自动运行的相关任务。

（4）参数管理。

参数管理主要包括系统参数管理、组织参数管理、用户参数管理，用于对系统程序中一些动态参数的控制。

（5）操作控制。

操作控制包括引用控制和唯一控制等功能，用于对某些表加控制过滤条件。

（6）日志管理。

日志管理用于对系统中各种核心功能模块操作记录日志的管理。

（7）审批管理。

审批管理用于系统中一些审批流程的控制和管理。

（8）系统维护。

系统维护主要包括用户密码修改、快捷方式配置和系统使用帮助文档等功能。

5.2 接口技术

系统接口技术采用基于 Restful 风格的开源 SOP 框架。

Restful 即表象化状态转变，基于 HTTP、URI、XML、JSON 等标准和协议，支持轻量级、跨平台、跨语言的架构设计，是 Web 服务的一种新的架构风格。

REST 架构的主要原则如下：

（1）对网络上所有的资源都有一个资源标志符。

（2）对资源的操作不会改变标识符。

（3）同一资源有多种表现形式。

（4）所有操作都是无状态的。

Restful 主要资源操作协议表见表 5.2-1。

表 5.2-1　　　　　　　　　　Restful 主要资源操作协议表

http 方法	资源操作	幂等	安全
GET	SELECT	是	是
POST	INSERT	否	是
PUT	UPDATE	是	否
DELETE	DELETE	是	否

SOP 是一个具有微服务风格的开放平台解决方案项目。所谓微服务风格是一种将单个应用程序作为一套小型服务开发的方法，每种应用程序都在自己的进程中运行，并与轻量级机制进行通信，这些服务是围绕业务功能构建的，可以通过全自动部署机制独立部署。微服务具有单一职责、面向服务等特点，单一职责指的是微服务中每一个服务都对应唯一的业务能力，做到单一职责，面向对象指的是每个服务都要对外暴露服务接口 API，并不关心服务的技术实现。

SOP 实现了签名、统一异常处理、限流、监控、权限分配、文档整合等功能，系统架构如图 5.2-1 所示。

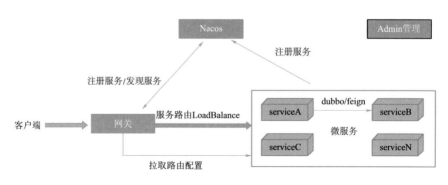

图 5.2-1 系统架构图

5.3 户变关系数据库的建立

户变关系数据库采用关系型数据库 Oracle，Oracle 是一款关系型数据库管理系统，采用标准 SQL，支持多种数据类型，提供面向对象的数据支持，支持多种操作系统平台。

使用系统的用户根据组织和部门的不同，可分为组织-部门-用户三级，结合角色表与权限表，可实现用户权限的灵活控制。系统维护的电网模型可分为组织、线路、台区、采集点、电表、用户等，实现了对台区、集中器、电表的规范管理，在与其他系统对接方面也十分友好。

5.4 台区拓扑图形设计

操作界面图、拓扑显示图、首页显示图如图 5.4-1～图 5.4-6 所示，从图中可以看出：

（1）台区-分支-表箱的拓扑关系（已确认拓扑关系）。

（2）存在异常的支路、存在异常的表箱（无法拓扑关系的分支和表箱）。

（3）表箱位置显示表计数量、表箱级损失情况、分相电流实时数据（15min）。

（4）分支位置显示分支电量损失百分比（已确认）、分支总供电量（日）、分相电流实时数据（15min）。

（5）点击已分支位置，弹出显示分相电表归属关系及分支分相电量、总电量、电流 24h 曲线（可按两分页栏显示）。

| 数据表格 | 24h曲线 |

	电流	电压	归属表箱	日用电量
A相分支单元	214	234.1		50097.4
A相表计聚合				48713.3
A相损失率				2.76%

A相子表	电流	电压	归属表箱	日用电量
123456789012	32	234.1	X01	7491.2
123456789013	32	232.1	X01	7427.2
123456789014	23	233.1	X01	5361.3
123456789015	23	234.1	X02	5384.3
123456789016	43	234.1	X03	10066.3
123456789017	12	234.1	X03	2809.2
123456789018	3	231.1	X04	693.3
123456789019	1	232.1	X04	232.1
123456789010	33	233.1	X05	7692.3
123456789021	11	234.1	X05	2575.1

	电流	电压	归属表箱	日用电量
B相分支单元	214	234.1		50097.4
B相表计聚合				48713.3
B相损失率				2.76%

B相子表	电流	电压	归属表箱	日用电量
123456789012	32	234.1	X01	7491.2
123456789013	32	232.1	X01	7427.2
123456789014	23	233.1	X01	5361.3
123456789015	23	234.1	X02	5384.3
123456789016	43	234.1	X03	10066.3
123456789017	12	234.1	X03	2809.2
123456789018	3	231.1	X04	693.3
123456789019	1	232.1	X04	232.1
123456789010	33	233.1	X05	7692.3
123456789021	11	234.1	X05	2575.1

	电流	电压	归属表箱	日用电量
C相分支单元	214	234.1		50097.4
C相表计聚合				48713.3
C相损失率				2.76%

C相子表	电流	电压	归属表箱	日用电量
123456789012	32	234.1	X01	7491.2
123456789013	32	232.1	X01	7427.2
123456789014	23	233.1	X01	5361.3
123456789015	23	234.1	X02	5384.3
123456789016	43	234.1	X03	10066.3
123456789017	12	234.1	X03	2809.2
123456789018	3	231.1	X04	693.3
123456789019	1	232.1	X04	232.1
123456789010	33	233.1	X05	7692.3
123456789021	11	234.1	X05	2575.1

分支总电量	150292.2
分支总用电量	146139.9
总损失率	2.76%

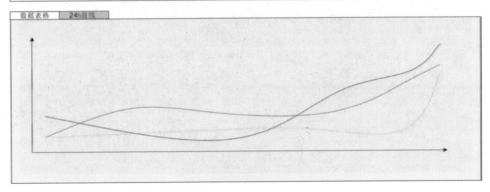

图 5.4-1　操作界面图 1

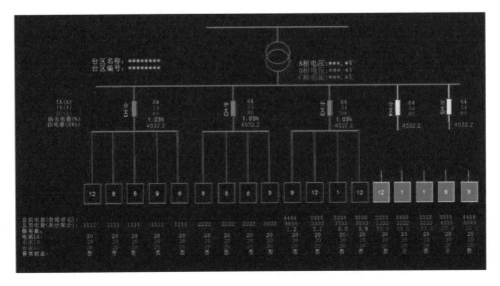

图 5.4-2　操作界面图 2

（6）点击表箱位置，弹出显示表箱总体数据信息及所属电表数据信息［包含通信地址、分相归属、异常状态信息以及 15min 实时电流、电压、电量数据，表箱总体电流、总电量、分相电量 24h 曲线（可按两分页栏显示）］。

拓扑展示：

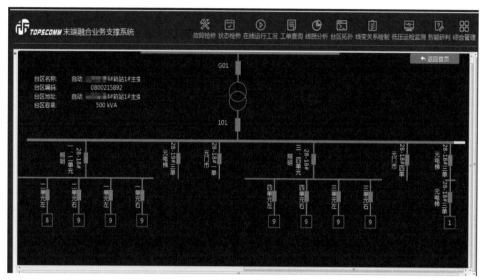

图 5.4-3　拓扑显示图 1

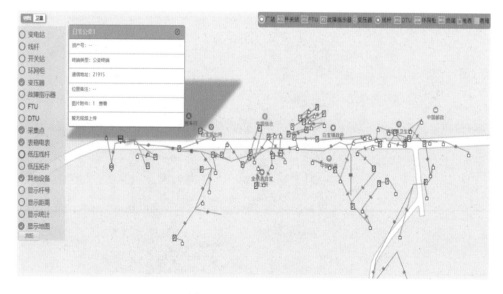

图 5.4-4　拓扑显示图 2

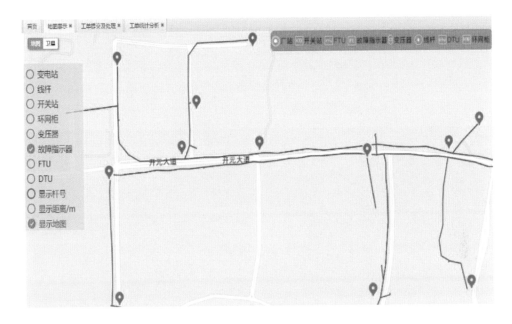

图 5.4 - 5 拓扑显示图 3

首页展示：

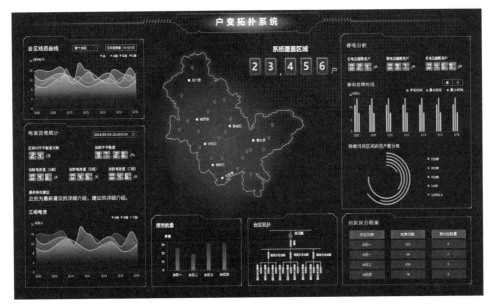

图 5.4 - 6 首页显示图

第6章

工 程 案 例

案例名称：惠州供电局基于正交频分复用与无线双模通信技术的户变拓扑系统研究及应用。

6.1 立项的背景和目标

准确实时的户变关系是实现台区线损在线分析、线损实时监控、防窃电在线检测、客户准确沟通服务、客户用电行为分析等应用的基础。当前采用人工查物理接线的方式判断用户与配网变压器对应的关系，或者是采用台区识别仪现场"绕场"的方式进行识别，存在诸多不足，表现在以下几方面：

（1）当前台区线路复杂、台区相邻交叉、资料不全，人工查找效率低，靠"眼睛"判断户变接线，易疲劳、误差大、信息不准确；靠"手"记录信息，还需要人工再录入电子表格，再进一步导入系统，工作繁杂。

（2）配网负荷不断新增，负荷割接常有发生，当用户的接线发生变化，若资料没有动态实时更新，户变资料就失去了准确度，将影响到客户停送电无法准确通知，造成投诉增多，存在偷漏电未能及时发现的风险。

（3）系统缺陷、负荷割接或历史档案错误等可能造成户变关系错乱的问题，均需人工现场核查、系统维护，大大增加了基层班组的工作量和劳动强度，且难以保证与现场实时一致。

因此，预期实现以下目标：

（1）研发出一套高可靠性的配网载波收发装置及系统。

（2）在正交频分复用技术与双模技术结合的情况下完成典型配网网络用户在线识别检测系统技术的试点应用。

（3）系统直观展示户变关系。

（4）准确快速的台区识别，为线损日监测提供实时准确基础档案，带来准确快速的线损计算以及越限告警。

（5）做到客户停送电准确通知，提高客户停电范围通知的精准度。

6.2 项目实施方式及预期效果

采用理论研究和实际应用相结合的方法，通过分析典型台区户变关系以及各个分支的拓扑关系，基于正交频分复用以及双模技术，形成一套配变台区用户在线识别检测系统。

研究计划如下：

（1）调研分析，进一步深入分析典型台区户变关系。

（2）基础研究，分析典型台区不同分支的拓扑关系，建立基础模型。

（3）关键技术研究，包括正交频分复用技术、双模技术、基于 GPS 的户变识别技术等。

（4）关键算法研究，包括分布式电力载波路由算法、户变关系拓扑网络自动完善算法。

（5）主站系统开发及测试。

（6）设计开发分支数据监测单元设备。

（7）成果应用，对 PLC、分支监测单元、路由模块等典型设备进行现场测试，制定测试标准。

预期实现以下效果：

（1）研发出一套高可靠性的配网载波和无线智能收发装置及系统。

（2）系统展示户变关系。

（3）做到客户停送电准确通知，提高客户停电范围通知的精准度。

（4）形成用户画像，为台区规划及用户差异化服务提供依据。

6.3　项目进度安排及人员安排

（1）项目管理时间节点安排见表 6.3－1。

表 6.3－1　项目管理时间节点安排

内　容	时间节点
管理节点——开题 主要内容：（1）项目开题。 考核目标：（1）开题报告1份。（2）开题评审意见1份	2019 年 4 月 30 日
管理节点——外委采购 主要内容：（1）开展外委研发采购。 考核目标：（1）签订委外合同1份	2019 年 8 月 30 日
管理节点——中期验收 主要内容：（1）开展项目中期检查。 考核目标：（1）中期检查报告1份，中期评审意见1份；（2）完成论文录用申请1篇，专利申请2项。（3）软件：1套；台区区分准确率达到95%以上，每个台区区分所用时间小于4h。（4）设备：LTU 智能终端通信，数量6台，速率指标达到1200bit/s；分支数据监测单元，数量60台，时钟准确度（日误差）不大于 0.5s/d，可靠性达到 MTBF≥10×104h；智能采集模块，数量1200 台，通信传输速率达到1200bit/s，通信脉冲宽度达到 80ms±16ms	2020 年 9 月 30 日

内　容	时间节点
管理节点——项目验收 主要内容：（1）项目验收。 考核目标：（1）验收证书。（2）技术总结报告。（3）工作总结报告	2021 年 6 月 30 日

（2）项目研发人员组成与分工安排见表 6.3-2。

表 6.3-2　　　　　　项目研发人员组成与分工安排表

序号	姓名	出生年月	职称等级	职称	专业	在本项目承担主要工作
1	骆××	1976.9	高工	高级工程师	电力系统及自动化	项目负责人，项目策划、推进，关键技术攻关
2	卢××	1976.1	高工	高级工程师	电力系统及自动化	项目策划、推进，关键技术攻关
3	顾××	1971.2	高工	高级工程师	电力系统及自动化	技术指导和把关
4	唐××	1977.4	高工	高级工程师	电力系统及自动化	技术指导和把关
5	乔××	1980.1	高工	高级工程师	电力系统及自动化	技术指导和把关
6	王××	1967.1	高工	高级工程师	电力系统及自动化	关键技术指导和把关
7	蔡××	1972.8	高工	高级工程师	电力系统及自动化	关键技术指导和把关
8	张××	1989.7	中级	工程师	电力系统及自动化	宽频载波电路调试安装
9	林××	1977.12	高工	高级工程师	电力系统及自动化	专家算法研究
10	张××	1979.2	高工	高级工程师	电力系统及自动化	宽频载波电路调试安装
11	黄××	1985.9	高工	高级工程师	电力系统及自动化	自动测试载波策略算法研究
12	韩××	1979.11	高工	高级工程师	电力系统及自动化	自动测试载波策略算法研究
13	阮××	1983.4	中级	工程师	电力系统及自动化	典型敏感负荷测试
14	郭××	1979.6	高工	高级工程师	电力系统及自动化	专家算法研究
15	苏××	1984.4	中级	工程师	电力系统及自动化	典型敏感负荷测试
16	涂××	1990.9	中级	工程师	电力系统及自动化	专家算法研究
17	李××	1983.5	中级	工程师	电力系统及自动化	自动测试载波策略算法研究
18	刘××	1986.6	中级	工程师	电力系统及自动化	专家算法研究
19	邓××	1995.6	中级	助理工程师	电力系统及自动化	专家算法研究
20	钟××	1982.8	高工	高级工程师	电力系统及自动化	宽频载波电路调试安装
21	王××	1966.4	高工	高级工程师	计算数学及其应用软件	项目开发统筹
22	范××	1980.5	高工	高级工程师	计算数学及其应用软件	需求分析

序号	姓名	出生年月	职称等级	职称	专业	在本项目承担主要工作
23	董××	1986.3	高工	高级工程师	计算机应用	需求分析
24	严××	1984.2	中级	工程师	通信与信息系统	通讯算法和技术研发
25	葛××	1989.1	中级	工程师	控制理论与控制工程	大数据算法
26	李××	1986.11	中级	工程师	通信工程	现场测试
27	许××	1982.2		工程师	通信工程	硬件开发
28	田××	1983.3	中级	工程师	信息与通信工程	通讯算法和技术研发
29	滕××	1987.12	中级	工程师	光学工程（电子方向）	硬件开发
30	杜××	1984.10	中级	工程师	信号与信息处理	双模通信技术研究
31	罗××	1991.7	中级	工程师	通信与信息系统	正交频分复用通信技术研究
32	孙××	1990.12	中级	工程师	通信与信息系统	正交频分复用通信技术研究、分布式电力载波路由技术
33	孙××	1979.10	中级	工程师	计算机科学与技术	分布式电力载波路由技术
34	刘××	1985.12	中级	工程师	机械制造及其自动化	分布式电力载波路由技术
35	初××	1992.2	中级	工程师	电子科学技术	分布式电力载波路由技术
36	郑××	1977.2		工程师	计算机应用	大数据算法
37	苏××	1987.6	中级	工程师	电子信息科学与技术	大数据算法
38	李××	1989.2	中级	工程师	信息与通信工程	大数据算法
39	李××	1988.9	中级	工程师	控制科学与工程	大数据算法
40	李××	1990.5	中级	工程师	通信工程	大数据算法
41	郑××	1990.11	中级	工程师	电子与通信工程	大数据算法
42	张××	1990.1	中级	工程师	软件工程	变户关系数据库的建立与接口技术
43	曾××	1989.8	中级	工程师	计算机技术	变户关系数据库的建立与接口技术
44	李××	1991.2	中级	工程师	电子信息科学与技术	变户关系数据库的建立与接口技术
45	付××	1987.11	中级	工程师	信号与信息处理	软件开发
46	厉××	1987.6	中级	工程师	信息与通信工程	分布式电力载波路由技术
47	彭××	1986.2	中级	工程师	微电子学与固体电子学	载波融合无线（双模）通信技术研究

6.4 项目的研究历程

项目的研究历程见表 6.4 - 1。

表 6.4 - 1　　　　　　　　　　　项 目 的 研 究 历 程

项目内容	项目工作安排	时间进度安排	交付信息
正交频分复用通信技术研究	物理层算法研究	2019.09.19—2020.06.30	研究及测试报告
	基于正交频分复用通信技术的硬件设计	2019.11.01—2020.06.30	
	通信模块软件开发	2019.12.01—2020.06.30	
载波融合无线（双模）通信技术研究	物理层算法研究	2019.09.19—2020.06.30	
	链路层研究及开发	2019.10.01—2020.06.30	
	载波融合无线（双模）通信模块硬件设计	2019.11.01—2020.06.30	
	通信模块软件开发	2019.12.01—2020.06.30	
分布式电力载波路由技术	链路层研究及开发	2019.09.19—2020.06.30	
	无线路由技术研究	2019.11.01—2020.06.30	
	混合组网技术研究	2019.12.01—2020.06.30	
变户关系数据库的建立与接口技术	数据库技术研究	2019.09.19—2020.06.30	
	数据库系统设计	2019.10.01—2020.06.30	
	接口技术研究	2019.11.01—2020.06.30	
	接口架构设计	2019.12.01—2020.06.30	
现场测试	现场测试	2020.07.01—2020.07.31	现场测试结果汇报材料
项目报告	完成报告初稿	2021.04.01—2021.05.31	项目整体报告初稿
	完成报告终稿	2021.06.01—2021.06.30	项目整体报告终稿

6.5 项目的应用情况

项目构建了大一村公用台变、上新村 C 公用台变、柏岗山边公用箱变、金宝山庄北苑 1 号住宅变等台区，基于正交频分复用与无线双模通信技术的户变拓扑系统。经现场检测，本项目设备及系统性能稳定、工作可靠、操作灵活，使用本项目设备及系统可解决解决台区内户变关系错乱的问题，并进一步应用在台区线损在线分析、线损实时监控、防窃电在线检测、电表故障检测、停电影响实时检测分析、时钟校时的场合。能完成台区复杂户变关系的识别与监测工作，将结果回传主站，并在"三大系统"内实现户变关系同步自动更新。能实时高效实现用户所属台区准确率100%，落实用电数据深化应用场景，经济高效实现差异化客户服务，促进企业增质提效，提升公司竞争实力。

台区改造前后情况对比见表6.5-1、表6.5-2。

表 6.5-1　　　　　　　台 区 改 造 前 情 况

台　　区	应抄用户	抄表成功率	抄读情况	附加功能
大一村公用台变	105	100%	抄表速度慢、抗干扰能力差	—
上新村C公用台变	110	100%	抄表速度慢、抗干扰能力差	—
柏岗山边公用箱变	124	100%	抄表速度慢、抗干扰能力差	—
金宝山庄北苑1号住宅变	141	100%	抄表速度慢、抗干扰能力差	—

表 6.5-2　　　　　　　台 区 改 造 后 情 况

台　　区	应抄用户	抄表成功率	抄读情况	附加功能
大一村公用台变	105	100%	抄表速度快、抗干扰能力强	台区拓扑、户变识别、相位识别、停电上报、终端搜表
上新村C公用台变	110	100%	抄表速度快、抗干扰能力强	台区拓扑、户变识别、相位识别、停电上报、终端搜表
柏岗山边公用箱变	124	100%	抄表速度快、抗干扰能力强	台区拓扑、户变识别、相位识别、停电上报、终端搜表
金宝山庄北苑1号住宅变	141	100%	抄表速度快、抗干扰能力强	台区拓扑、户变识别、相位识别、停电上报、终端搜表

6.6　项目取得的研究结论

项目研究所取得的成果和结论总结如下：

（1）开展了电力线信道特征研究。

（2）开展了基于正交频分复用的载波通物理层、链路层和硬件电路研究。

（3）提出了时频分集拷贝方法和RS编码方法。

（4）开展了基于宽带载波通信及高速无线通信道划分技术网络融合研究。

（5）提出了通过准实时双向低功耗方式研究，确定双模功耗控制的方向。

（6）开展了基于正交频分复用及微功率技术的通信模块研究。

（7）开展了基于特征电流的户变识别及拓扑识别技术研究。

（8）提出了基于相位、表箱识聚类、GPS 定位技术，多特征融合分析的在线户变识别技术。

（9）开展了基于 Restful 风格、开源 SOP 框架的系统和接口技术研究。

（10）开展了多特征融合的在线户变识别技术现场验证。

参 考 文 献

[1] 陈启冠，张栋，任龙霞，等．基于电能表自动识别技术的低压集中抄表机制研究及应用 [J]．电器与能效管理技术，2017（4）：46－51.
CHEN Qiguan, ZHANG Dong, REN Longxia, et al. Research and application of low voltage centralized meter reading mechanism based on meter automatic identification technology [J]. Electrical & energy management technology, 2017（4）：46－51.

[2] 廖雯．供电企业抄表技术综合应用策略研究 [J]．价值工程，2015，34（36）：135－136.
LIAO Wen. Research on the comprehensive application strategies of the meter reading technology in power supply enterprises [J]. Value Engineering, 2015, 34（36）：135－136.

[3] 马亚彬，林向阳，钱波，等．集中抄表终端通道检测装置的研制 [J]．现代电子技术，2015，38（16）：122－124.
MA Yabin, LIN Xiangyang, QIAN Bo, et al. Design of testing equipment for centralized meter reading terminal channel [J]. Modern Electronics Technique, 2015, 38（16）：122－124.

[4] 徐湛．台区用户识别仪应用分析 [J]．计量与测试技术，2009，36（11）：26－28.
XU Zhan. Application analysis of area users identify apparatus [J]. Metrology & measurement technique, 2009, 36（11）：26－28.

[5] 蔡耀年，李京凤，孟世杰，等．低压台区电表检查中电力载波 OFDM 技术应用 [J]．中国电业，2015（2）：33－36.
CAI Yaonian, LI Jingfeng, MENG Shijie, et al. Power line carrier OFDM technology application in low voltage courts meter detection [J]. China electric power, 2015（2）：33－36.

[6] 李建，赵汉昌．多功能低压台区识别设备的研制 [J]．电测与仪表，2014，51（13）：107－111.
LI Jian, ZHAO Hanchang. The development and manufacture of a multi? function equipment for low voltage area identified [J]. Electrical measurement & instrumentation, 2014, 51（13）：107－111.

[7] 袁超．低压配电网络台区识别技术的研究与开发 [D]．大连：大连理工大学，2014.
YUAN Chao. The development and manufacture of a multi? function equipment for low voltage area identified [D]. Dalian: Dalian University of Technology, 2014.

[8] 范荻，李绍山，李海涛，等．台区用户识别仪关键技术应用研究 [J]．华北电力技术，2010（7）：27－30.
FAN Di, LI Shaoshan, LI Haitao, et al. Study on the application of key technologies in

transformer? user identifying instrument [J]. North China electric power, 2010 (7): 27 – 30.

[9] 兰国良. 多模方式台区用户带电识别装置及其应用 [J]. 广西电力, 2015, 38 (6): 67 – 70.

LAN Guoliang. Live line recognition device for multimode type power distribution area customer and its application [J]. Guangxi electric power, 2015, 38 (6): 67 – 70.